Diana Kessler
Von Mund zu Gesund

Weitere Titel aus der Reihe

Können Hunde rechnen?
Norbert Herrmann, 2021
ISBN 978-3-11-073836-0, e-ISBN 978-3-11-073395-2

Der fliegende Zirkus der Physik
Fragen und Antworten
Jearl Walker, 2021
ISBN 978-3-11-076055-2, e-ISBN 978-3-11-076063-7

Wie alles anfing
Von Molekülen über Einzeller zum Menschen
Manfred Bühner, 2022
ISBN 978-3-11-078304-9, e-ISBN 978-3-11-078315-5

Zeit (t) – Die Sphinx der Physik
Lag der Ursprung des Kosmos in der Zukunft?
Jörg Karl Siegfried Schmitz-Gielsdorf, 2022
ISBN 978-3-11-078927-0, e-ISBN 978-3-11-078935-5

Einstein über Einstein
Autobiographische und wissenschaftliche Reflexionen
Jürgen Renn, Hanoch Gutfreund, 2023
ISBN 978-3-11-074468-2, e-ISBN 978-3-11-074481-1

Erscheint in Kürze

Sterngucker
Wie Galileo Galilei, Johannes Kepler und Simon Marius
die Weltbilder veränderten
Wolfgang Osterhage, geplant für 2023
ISBN 978-3-11-076267-9, e-ISBN 978-3-11-076277-8

Diana Kessler

Von Mund zu Gesund

Wie ein gesunder Mund vor Krankheiten schützt

2. Auflage

DE GRUYTER

Autorin
Dr. Diana Kessler
Winkelweg 48
68305 Mannheim

Autorisierte Übersetzung der englischsprachigen Ausgabe, die bei D H H Literary Agency Ltd.
(23–27 Cecil Court, London, WC2N 4EZ, Great Britain) unter dem Titel „The Mouth" erschienen ist.

ISBN 978-3-11-102628-2
e-ISBN (PDF) 978-3-11-102629-9
e-ISBN (EPUB) 978-3-11-102682-4
ISSN 2749-9553

Library of Congress Control Number: 2022949453

Bibliografische Information der Deutschen Nationalbibliothek
Die Deutsche Nationalbibliothek verzeichnet diese Publikation in der Deutschen Nationalbibliografie;
detaillierte bibliografische Daten sind im Internet über http://dnb.dnb.de abrufbar.

© 2023 Walter de Gruyter GmbH, Berlin/Boston
Einbandabbildung: ma_rish/iStock/Getty Images Plus
Illustrationen: Martin Lay, nach Vorlagen von Diana Kessler
Satz: Meta Systems Publishing & Printservices GmbH, Wustermark
Druck und Bindung: CPI books GmbH, Leck

www.degruyter.com

Für Benjamin und Elisabeth

Inhalt

Vorwort

In meiner Kindheit hatte ich das große Glück, einen liebevollen, einfühlsamen Zahnarzt zu haben. Sicher hat mich das darin bestärkt, selbst einmal Zahnärztin zu werden.

Dass ich sein Einfühlungsvermögen aber so regelmäßig erleben durfte, lag daran, dass ich als Kind richtig schlechte („faule") Zähne hatte. Damals tötete man die Nerven (die Pulpa) der Zähne, wenn sie schmerzten, noch mit Arsen ab. Ich habe es wie viele andere Menschen überlebt und von meinen bleibenden Zähnen bisher noch keinen verloren.

Meine Oma erzählte mir als ich noch klein war, dass sie bei einem Zahnarztbesuch ihr erstes Kind verloren hat. Ich habe in meiner Phntasie noch das Bild davon, wie ich es mir damals als Kind vorgestellt habe. Es war ein Junge. Obwohl sie noch zwei gesunde Mädchen geboren hat, trauerte sie diesem Jungen immer hinterher. Mein Großvater fiel im Krieg, als meine Mutter 5 Jahre alt war. Mit 40 Jahren wurden meiner Oma alle Zähne entfernt und sie bekam ein Gebiss. Meine Oma wurde 96 Jahre alt, so alt wie bisher niemand in unser Familie, soweit es dazu Erinnerungen gibt.

Auch meine Mutter ging nicht gern zum Zahnarzt. Sie hat mich in den 31 Jahren, in denen ich meinen Beruf ausübe, niemals in ihren Mund sehen lassen. Als sie vor fünf Jahren ganz plötzlich erkrankte, waren die Ärzte trotz unzähliger Untersuchungen ratlos. Sie wussten nicht wirklich, was ihr fehlte. Ich möchte hier nicht auf ihre ganze Krankheitsgeschichte eingehen. Auf jeden Fall wurde kein Zahnarzt zu Rate gezogen und ich bestand darauf, dass sie zu einer Kollegin geht, um sich untersuchen zu lassen. So habe ich zum ersten Mal zumindest anhand einer Röntgenaufnahme ihre Zähne zu sehen bekommen. Ein chronisch entzündeter Zahn wurde sofort entfernt; ich habe sie gebeten, ihn mir zu schenken. Ganz lange trug ich ihn in meiner Handtasche mit und hoffte, dass seine Entfernung meine Mama wieder gesund machen würde. Ich kann auf keinen Fall behaupten, dass er die Ursache für ihre plötzliche Schwäche war. Aber im Moment – sie ist in diesem Jahr 83 geworden – geht es ihr gut und ich freue mich über jede Sekunde, in der sie noch auf dieser Welt ist.

Sehr beeindruckt hat mich auch die Tierärztin, die unserem geliebten Kater – er war uns in Spanien ein Jahr vor der Geburt unseres ersten Kindes zugelaufen – einmal im Jahr die Zähne reinigte. Sie erklärte mir einfach nur, was ich schon wusste: dass man mit gesunden Zähnen länger und gesünder lebt. Außerdem erzählte sie mir, dass es sogar Affenarten gibt, die sich die Zähne putzen und es ihren Jungen beibringen.

So viel zu meiner persönlichen Geschichte. Ganz sicher wird sie in allem, was ich hier noch schreiben werde, immer wieder einfließen.

„Gesund beginnt im Mund", das ist eine ziemlich bekannte Redewendung. Schon in der Antike waren gesunde Zähne ein Zeichen von Kraft und Gesundheit. Von Paracelsus (1493 oder 1494–1541) stammt das Zitat: „An jedem Zahn hängt ein ganzer Mensch".

Es hat sich so ergeben, dass ich seit 31 Jahren in einem kleinen Stadtteil von Mannheim als Zahnärztin tätig bin. Bereits in meiner Studienzeit hat es mich fasziniert, den

https://doi.org/10.1515/9783111026299-201

Menschen als genial funktionierendes Ganzes zu begreifen und über den Bereich der Zahnmedizin hinauszusehen. Der Wunsch, die sich mir in der Praxis anvertrauenden Menschen und oft ihre gesamten Familienangehörigen bestmöglich zu begleiten und sie in ihrer Heilung zu unterstützen, gab mir letztendlich den Antrieb dazu, mich mit den Zusammenhängen zwischen Mund- und Allgemeingesundheit zu beschäftigen.

Vor etwa 21 Jahren bat mich ein sehr engagierter Apotheker, der einmal im Monat eine Informationsveranstaltung für Diabetiker in einer Mannheimer Schule organisierte, einen Vortrag zu dem Thema „Diabetes und Mundgesundheit" zu halten. Seither halte ich Vorträge dazu – sowohl für Patienten als auch für meine ärztlichen und zahnärztlichen Kollegen. Aber vor allem erzähle ich das, was ich in diesem Buch niedergeschrieben habe, Tag für Tag den Menschen in meiner Praxis. Denn Heilung findet nur in jedem von uns selbst statt und je besser wir uns selbst verstehen, umso besser können wir uns auch heilen.

Vor vier Jahren habe ich für eine ärztliche Fachzeitschrift einen Artikel geschrieben und bin bei der Recherche dazu auf die zweite Auflage eines 1908 erschienenen Buches gestoßen, in dem beschrieben wird, wie man bei Menschen mit auffällig stark entzündetem Zahnfleisch deren Urin direkt in der Zahnarztpraxis auf Zucker untersuchen kann. Der Autor, Georg Guttmann, weist darauf hin, wie wichtig es für die Menschen ist, dass ihre Blutzuckerkrankheit (Diabetes) frühzeitig erkannt wird. Dies galt damals, als es noch keine Medikamente und kein Insulin zur Behandlung des Diabetes gab, umso mehr. Es gilt heute immer noch.

Wie so oft im Leben brauchte es schließlich doch einen starken Impuls, damit ich mich endlich ernsthaft ans Schreiben machen konnte: das war ein klitzekleines Virus, das in kürzester Zeit die ganze Welt auf den Kopf stellte – Corona. In der Anfangszeit des Corona-bedingten Shutdowns gab es eine sehr große Verunsicherung bezüglich der zahnärztlichen Behandlungen. Einen Sicherheitsabstand von eineinhalb Metern kann man dabei selbstverständlich nicht einhalten. Andererseits haben unsere Praxen die Menschen, die zu uns kommen, schon immer vor vielen anderen Keimen geschützt: Hepatitis, HIV, Tuberkulose und noch vielen mehr. Aber wie bei allem, was man nicht kennt, braucht man erst einmal Evidenz und Information. Nach kurzer Zeit meldeten sich glücklicherweise die Fachgesellschaften zu Wort und bestätigten, was ich meinen Patienten vom ersten Tag an gesagt hatte: dass eine gesunde Mundhöhle eine wichtige Barriere gegen das Eintreten von krankmachenden Keimen ist, also auch gegen Corona-Viren.

Dabei wurde mir noch mehr als früher klar, wie wirksam das Wissen um unseren Körper ist, um Angst abzubauen und uns selbst zu heilen. All dieses Wissen möchte ich in diesem Buch mit Ihnen teilen.

Dies war also ein kleiner Exkurs in die Geschichte der Entstehung dieses Buches. Wie so oft in den Gesprächen mit den Menschen in meiner Praxis und auch außerhalb bin ich mir dessen bewusst, dass ich als Zahn-Ärztin oft Fachbegriffe verwende, die von meinem Gegenüber nicht immer verstanden werden. Dies bitte ich zu verzeihen.

In diesem Sinne werde ich in meinem Text das Wort „Patient" prinzipiell vermeiden, auch wenn es manchmal etwas befremdlich erscheinen mag. Das Wort kommt aus dem Lateinischen: „patiens" und bedeutet „geduldig", „aushaltend", „ertragend". Dieses Buch richtet sich jedoch an alle Menschen, gesunde oder kranke, und sie müssen weder geduldig sein noch etwas aushalten oder ertragen. Wenn es Ihnen also unerträglich wird, legen Sie dieses Buch einfach beiseite.

Abkürzungsverzeichnis

ACE2	Angiotensin-Converting Enzyme 2, Angiotensinkonvertierendes Enzym 2
AGE	Advanced Glycation Endproducts, fortgeschrittene Verzuckerungs-Endprodukte
AIDS	Acquired Immunodeficiency Syndrome, erworbenes Immunschschwächesyndrom
BZÄK	Bundeszahnärztekammer
CMD	Craniomandibuläre Dysfunktion
COVID-19	Coronavirus Disease 2019, Coronavirus-Krankheit 2019
DGParo	Deutsche Gesellschaft für Parodontologie
DMS V	Fünfte Deutsche Mundgesundheitsstudie
ECC	Early Childhood Caries, frühkindliche Karies
HbA1c	glykosyliertes (gezuckertes) Hämoglobin Typ 1
HDL	High Density Lipoprotein, Lipoprotein hoher Dichte
HIV	Human Immunodeficiency Virus, humanes Immunschwächevirus
HNO	Hals-Nasen-Ohrenheilkunde
HPV	Humane Papillomviren
ICD	International Classification of Diseases, Internationale Klassifikation der Krankheiten
LDL	Low Density Lipoprotein, Lipoprotein niedriger Dichte
MERS	Middle East Respiratory Syndrome, Infektion der Atemwege durch das MERS-Coronavirus
NET	Neutrophil Extracellular Traps, neutrophile extrazelluläre Fallen
NBS	Nursing Bottle Syndrom, Nuckelflaschensyndrom
OPG	Orthopantomogramm
PSA	Panoramaschichtaufnahme
PSI	Parodontaler Screening-Index
PZR	Professionelle Zahnreinigung
SARS-CoV	auch SARS-CoV-1, Severe Acute Respiratory Syndrome Coronavirus-1, schweres akutes respiratorisches Syndrom Coronavirus-1
SARS-CoV-2	Severe Acute Respiratory Syndrome Coronavirus 2, schweres akutes respiratorisches Syndrom Coronavirus-2
WHO	World Health Organization, Weltgesundheitsorganisation

https://doi.org/10.1515/9783111026299-202

1 Entdeckungsreise durch unseren Mund

Wir alle gehören der Gruppe der Säugetiere an. Das bedeutet, dass sich am Anfang unseres Lebens alles um das Saugen dreht – das Saugen an der Brust unserer Mutter oder auch an der Flasche mit Muttermilchersatz. Wir beginnen bereits in der siebten Schwangerschaftswoche vom Fruchtwasser unserer Mutter zu kosten und ab der vierzehnten regelmäßig davon zu trinken. In dieser Zeit fangen wir auch schon an, an unserem Daumen zu saugen. Ich habe die Ultraschallbilder meiner beiden Kinder noch vor meinem inneren Auge – die Ausdrucke sind leider schon verblasst – auf denen sie beide an ihrem Daumen lutschen. Da üben wir schon das Saugen, um später ausreichend Kraft zu haben, um Milch zu trinken und groß und stark zu werden. Meine Tochter hat recht früh gesprochen – allerdings auch ziemlich lange an meiner Brust getrunken – und hat es so ausgedrückt: „Mama, Deine Brust ist mein Urlaub".

Unser Mund wird aber auch später in unserem Leben eine zentrale Rolle einnehmen – wir brauchen ihn zum Essen, Trinken, Schmecken, Kauen und immer wieder zum Atmen, auch wenn es durch die Nase besser und auch gesünder ist. Wir brauchen ihn auch zum Sprechen, eine Fähigkeit, die allein uns Menschen eigen ist. Mit dem allerschönsten will ich enden: mit dem Küssen. So endeten früher auch die schönsten Liebesfilme.

Ich lade Sie, liebe Leser dieses Buches, jetzt ein, mit mir gemeinsam in die faszinierende Welt dieses Mundes einzutreten. Ich kann Ihnen versichern: es wird sehr spannend!

1.1 Unsere Zähne – Wunderwerke der Natur

Die Zähne sind allen Wirbeltieren gemeinsam. Wir benutzen sie – wie diese – zum Ergreifen und Zerkleinern von Nahrung, damit sie im weiteren Verlauf ihrer Reise durch unseren Körper in die wichtigen Bestandteile aufgespalten werden kann, die wir zum Leben brauchen. Wir Menschen verwenden die Zähne außerdem zur Lautbildung, also beim Sprechen.

Zähne galten schon immer als Wunderwerke der Natur. Sie werden oft auch als Schmuck oder als Reliquien verwendet. Für Buddhas linken Eckzahn wurde auf Sri Lanka sogar ein ganzer Tempel erbaut. Es gibt allerdings Zweifel daran, ob der Zahn auch wirklich von Buddha ist.

Der Zahn besteht aus Zahnschmelz (Adamantin oder Enamelum), Zahnbein (Dentin), Wurzelzement und der darin eingeschlossenen Pulpa (dem „Nerv"). Der Zahnschmelz ist die äußerste Hülle der Zahnkrone, jenem Anteil des Zahnes, der vor allem im jugendlichen Alter in die Mundhöhle ragt.

Es ist die härteste Substanz in unserem Körper, härter noch als Stahl. Er besteht zu 96 Prozent aus Hydroxylapatit, einem kristallinen Material, und ist ein wunderbarer Schutz für unsere wertvollen Zähne. Heute noch forschen Wissenschaftler und

https://doi.org/10.1515/9783111026299-001

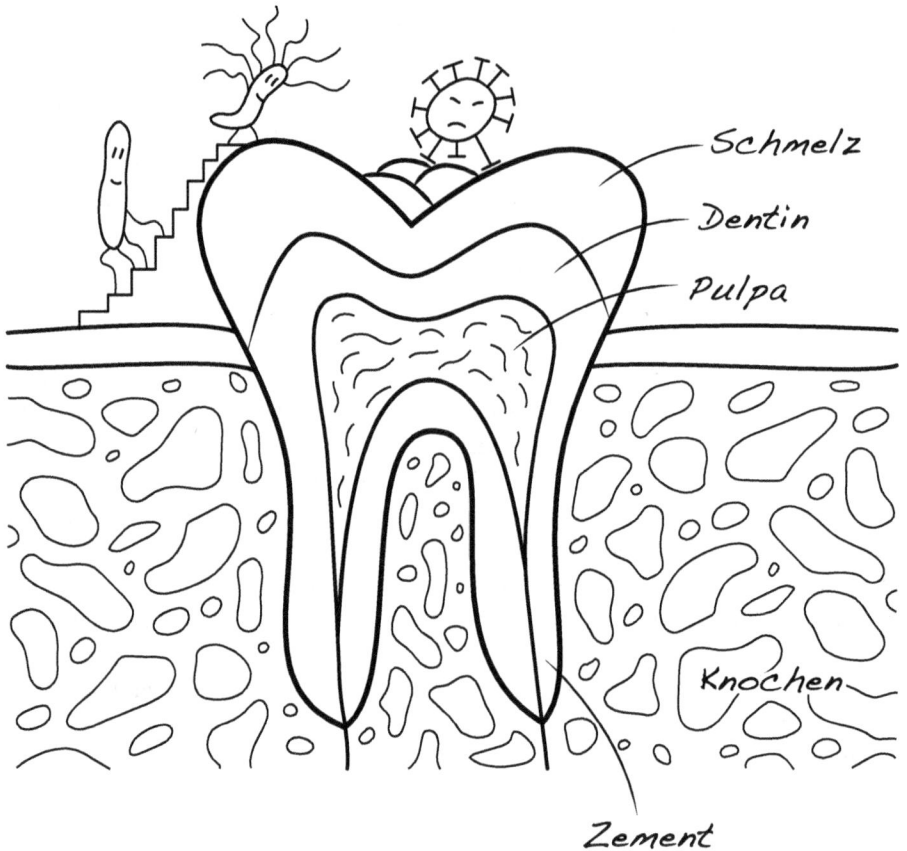

Aufbau des Zahnes.

untersuchen das dichte Netz winziger Kristallfasern, die nur 50 Millionstel Millimeter dick sind. Durch eine beeindruckende Struktur, die hart und weich miteinander verbindet, ist der Zahnschmelz noch viel fehlertoleranter als alle künstlichen Werkstoffe, die es bisher gibt. Ich werde später noch darauf eingehen, aber unsere eigenen Zähne können durch kein bisher bekanntes Material gleichwertig ersetzt werden. Aber das erwartet man ja auch von keinem künstlichen Hüft- oder Kniegelenk.

Das Dentin, das darunter liegt, ist deutlich sensibler. Es ist knochenähnlich und nur zu 70 Prozent mineralisch und zu 20 Prozent organisch, der Rest ist Wasser. Es ist sowohl Teil der Zahnkrone, als auch deren Wurzel. Im Gegensatz zum Zahnschmelz kann es durch seine Lebendigkeit, durch die sogenannte Biomineralisation, lebenslänglich neu gebildet werden, allerdings nur an der Grenze zur Pulpa (dem Zahnmark oder „Nerv").

Um das Dentin der Zahnwurzel herum liegt das Wurzelzement (Cementum). Hier ist nur noch 65 Prozent mineralisch und 23 Prozent organisch, der Rest ist wieder Wasser. Es ist auch weicher als das Dentin und ähnelt in seiner Konsistenz eher dem

Knochen. Es verbindet sich durch bindegewebige Fasern, die sogenannten „Sharpey-schen Fasern", mit dem Knochen, in dem der Zahn steckt.

Jetzt kommt das Sensibelste unserer Zähne, und oft denke ich dabei daran, dass viele Menschen zu ihrem Schutz eine harte Hülle um das errichten, was in ihrem Innern sensibel und verletzlich ist. Im Innern dieses genial konstruierten harten Gebildes gibt es ein äußerst verletzliches kleines Etwas, das man wissenschaftlich Pulpa und Wurzelkanäle nennt.

In diesem kleinen Innenleben des Zahnes, das sehr unregelmäßig gestaltet ist – ein bisschen wie ein Labyrinth, so erkläre ich es den Menschen in meiner Praxis –, verlaufen, eingebettet in Bindegewebe, Blut- und Lymphgefäße sowie Nervenfasern. Durch diese wird das Dentin mit Nährstoffen versorgt, es werden aber auch Reize von außen wahrgenommen: mechanische, thermische und chemische Reize. Unsere Zähne sind demnach auch höchst sensible und komplexe Tastorgane.

Mit ihnen können wir beispielsweise Unterschiede von 10 Mikrometern ertasten, was sieben Mal dünner als ein Haar ist (das berühmte „Haar in der Suppe"). Auch Delikatessen beeindrucken uns oft weniger durch ihren Geschmack als durch ihre Konsistenz. Als mein Vater meine Mutter zum ersten Mal zum Essen einlud, wollte er sie beeindrucken und servierte ihr Kaviar. Aus Abscheu davor wäre sie fast geflüchtet und ich wäre nicht hier, um diese Zeilen zu schreiben.

Das alles ist aber noch genialer: Die einzelnen mechanischen Reize, die auf unsere Zähne einwirken, werden allesamt in unserem Gehirn integriert. Es ist also wie eine Musik, die bei jedem Kontakt unserer Zähne gespielt wird. Man kann sich das in etwa so vorstellen: jeder Zahn ist wie ein hochauflösendes Mikrophon und alle Töne werden im Zentralnervensystem miteinander verschaltet. Stimmt die Musik, sind alle Kontakte harmonisch, ist alles gut. Disharmonien werden auch bis zu einem gewissen Maß integriert und akzeptiert – da merkt man bei großen Orchestern auch nicht immer gleich, wenn sich kleine Fehler einschleichen. Langfristig und bei großen Disharmonien bringt es allerdings das Zusammenspiel von Zähnen, Muskeln und Kiefergelenken durcheinander.

Dass unsere Zähne auf thermische Reize, also kalt/warm und chemische Reize, zum Beispiel süß/sauer, reagieren, dürfte jedem von uns bewusst sein. Wenn sie besonders empfindlich sind, kann das allerdings sehr unangenehm werden, darauf werde ich später noch etwas näher eingehen.

Immer wieder fasziniert bin ich von der Entstehung der Zähne. Die Milchzähne fangen bereits in der 5. Schwangerschaftswoche an sich zu entwickeln. Um die sogenannte Zahnknospe herum beginnt das Gewebe etwa ab dem 4. Schwangerschaftsmonat an zu verkalken und das sieht dann – auf dem Röntgenbild, es findet ja innerhalb des Kieferknochens statt – wirklich wie eine Blütenknospe aus.

Ab der 20. Schwangerschaftswoche fangen sogar schon die bleibenden Zähne an sich zu bilden. Sie wachsen dabei nicht wie Bäume von der Wurzel zur Krone sondern andersherum – erst bildet sich die Zahnkrone und nach und nach die Wurzeln.

Wir haben – mit wenigen Ausnahmen – 20 Milchzähne und 28 bis 32 bleibende Zähne.

Orchester im „Mundhöhlengraben".

Unsere Zähne sind in ihrer Form und Funktion sehr unterschiedlich. Hier ist es auch wieder wie ein Orchester oder eher ein Tanzensemble, in dem jeder eine andere Rolle spielt. Die vier vorne im Kiefer liegenden Schneidezähne (Inzisivi) sind flach und haben dünne, scharfe Kanten, die dem Abbeißen und Zerteilen des Essens dienen. Rechts und links davon befindet sich jeweils ein Eckzahn (dens caninus). Er hat von allen Zähnen die längste Wurzel und kann dadurch die Nahrung besonders gut festhalten und abreißen. Dahinter liegen je zwei kleine Backenzähne (Prämolaren) mit kleinen Höckern und Mulden, die die Speise erfassen und weiter zerkleinern. Danach folgen jeweils zwei große Backenzähne (Molaren), auch Mahlzähne genannt, weil sie das Essen besonders fein zermahlen können. Am hinteren Ende des Kiefers können schließlich noch die Weisheitszähne liegen, die nicht jeder von uns hat und die oft keinen Platz haben, um aus dem Knochen durchzubrechen. Mit Weisheit haben diese meist nicht so viel zu tun, man nennt sie nur so, weil sie erst ab dem 16. Lebensjahr zum Vorschein kommen. Vielmehr sind sie ein Überbleibsel aus einer Zeit, in der wir Menschen noch jagen gingen und die dritte Garnitur Mahlzähne noch brauchten, um

Mundhöhlenlandschaft
mit „Speichelfluss"
und „Mundhöhlenbewohnern".

die viel festere und härtere Nahrung, die uns zur Verfügung stand, zerkleinern zu können.

Zu dem Orchester, Tanzensemble oder auch den fleißigen Arbeitern in dieser „Mahlwerkstatt" – man nennt sie ja auch „Mundwerk" – gesellen sich schließlich noch unsere Lippen, Wangen und die Zunge. In der Fachwelt nennt man das alles Kauapparat, das hat mich schon immer amüsiert. Schließlich liegt dieser „Apparat" mitten in unserem Gesicht und unserem Kopf und wir verwenden ihn ja auch wie bereits erwähnt zum Lächeln, Lachen, Sprechen, Küssen und vielem mehr. Vieles, das uns emotional berührt, wird hier mit diesem „Apparat" ausgedrückt.

Nicht vergessen dürfen wir den Speichel, der wie ein unversiegbarer Quell durch diese Mundlandschaft fließt, ihn werden wir später noch unter die Lupe nehmen.

Aber bevor ich Ihnen Näheres zu all diesen Schätzen in unserem Mund erzähle, stelle ich Ihnen erst einmal unsere „Mundhöhlenbewohner" vor.

1.2 Die Lebewesen in unserem Mund – das orale Mikrobiom

Als ich vor etwa 21 Jahren anfing, Vorträge zu dem Thema Allgemein- und Mundgesundheit zu halten, schätzte man, dass unsere Mundhöhle etwa 300 verschiedene Keimarten beherbergt. Heute geht man von etwa 700 Keimarten aus, aber die Erforschung all dieser „Mundhöhlenbewohner" läuft aktuell gerade auf Hochtouren.

Das liegt besonders daran, dass man bis vor nicht allzu langer Zeit nur jene Keime bestimmen konnte, die auf einem Nährboden gezüchtet werden konnten. Vielleicht haben Sie oder Ihre Kinder das schon einmal in der Schule ausprobiert: man stellt in kleinen Glasschalen (Petrischalen) einen Nährboden her und lässt Bakterien aus verschiedenen Quellen (Geld, Handy, Computertastatur oder auch Speichel) darin wachsen. Sets, um das selbst zu Hause auszuprobieren, gibt es inzwischen frei verkäuflich im Internet.

Dann kam die Genforschung. Die Grundlagen dazu wurden zwar bereits 1960 gelegt, aber erst am 1. Oktober 1990 startete schließlich das Humangenomprojekt mit dem Auftrag, das menschliche Genom, also die Gesamtheit aller menschlichen Gene zu entschlüsseln. Das war ein groß angelegtes Projekt, an dem bereits zu Beginn 1.000 Wissenschaftler aus 40 Ländern der Welt beteiligt waren. Am 26. Juni 2000 wurde die Vollendung eines ersten Entwurfs des menschlichen Genoms von US-Präsident Bill Clinton feierlich und mit großer weltweiter Aufmerksamkeit angekündigt. „Heute lernen wir die Sprache, in der Gott das Leben schuf" – so seine Worte. Für viele waren die Ergebnisse allerdings eine große Enttäuschung: die in den 60er-Jahren noch auf mehrere Millionen geschätzten Gene des Menschen waren auf rund 23.000 geschrumpft, das sind weniger als bei vielen anderen Tieren und sogar Pflanzen. Später in der Genforschung kam eine weitere Enttäuschung hinzu: unsere Gene sind mit jenen eines Schimpansen – der uns genetisch von den heute noch lebenden Tieren am nächsten steht – zu fast 99 % identisch.

Die Arbeit an der Entschlüsselung des menschlichen Erbguts dauert immer noch an. Mit den Erfahrungen und den Daten, die man damit gesammelt hatte, starteten die Wissenschaftler schließlich Ende 2007 ein neues Projekt: das „Human Microbiome Project". Dieses widmet sich seither der Erforschung der Lebewesen, die unseren Körper bewohnen.

Die Ergebnisse dieser Forschung verwunderten die Wissenschaftler erneut: bisher wird geschätzt, dass der Körper eines gesunden Menschen von 10.000 verschiedenen Mikrobenarten bewohnt wird. Wir sollten uns folglich weniger als Individuen, sondern vielmehr als ein Ökosystem aus Billionen von kleinen Wesen verstehen, die Tag für Tag mit uns zusammenleben. Aktuell schätzt man, dass unser Körper aus 30 Billionen Körperzellen besteht, zusätzlich befinden sich auf und in ihm etwa 39 Billionen Bakterienzellen. Wir bestehen also aus etwas mehr Bakterium als Mensch. Diese kleinen Wesen gab es bereits vor 3,5 Milliarden Jahren, sie gelten als die ältesten Bewohner der Erde. Die ältesten Vertreter der Gattung Mensch gibt es hingegen erst seit rund 2 Millionen Jahren. Und wahrscheinlich werden die Bakterien hier auch noch weiterleben, wenn es keine Menschen mehr auf der Erde gibt. Viele von ihnen werden jeden von uns auch überleben – wenn wir sterben, verlassen sie unseren Körper und können mit etwas Glück ein neues menschliches Zuhause finden.

Es ist allerdings nicht nur so, dass diese Lebewesen auf und in uns leben – sie kommunizieren auch untereinander und mit unseren menschlichen Zellen. Und während wir in unserem menschlichen Genom zu 99,9 Prozent untereinander identisch sind, unterscheiden wir uns in unserem Mikrobiom um bis zu 80 bis 90 Prozent voneinander.

Noch bis vor kurzem ging man davon aus, dass ein Kind im Mutterleib in einer quasi sterilen Umgebung heranreift. Inzwischen weiß man, dass bereits in dieser Phase Bakterien der Mutter auf das Baby übertragen werden. Für die Entwicklung eines gesunden Mikrobioms ist später die natürliche Geburt von größter Bedeutung, da bei der Passage des Babys durch den Geburtskanal die Mikrobiota der Mutter auf das Kind übertragen werden. Das gleiche geschieht auch beim Stillen: Nicht nur wird die mütterliche Brust während der Schwangerschaft und Geburt mit Bakterien angereichert, in jedem Milliliter Muttermilch tummeln sich über 10 Millionen Bakterien. Dies alles führt zu einer Stärkung des kindlichen Immunsystems.

Das bisher am besten untersuchte Mikrobiom des Menschen ist das des Darms. Die rund 100 Billionen Bakterien, die unseren Darm besiedeln, wiegen etwa ein bis zwei Kilogramm. Diese Gemeinschaft von Lebewesen spaltet für uns unverdauliche Nahrungsbestandteile auf, versorgt unseren Darm mit Energie, produziert Vitamine und hormonähnliche Botenstoffe, baut Gifte und Medikamente ab und trainiert unser Immunsystem. Alles, was da passiert, wird zudem fortlaufend an unser Gehirn gemeldet.

Dies geschieht über das sogenannte enterische Nervensystem, das aus über 100 Millionen Nervenzellen besteht, mehr als in unserem Rückenmark. Man nennt es auch das „Bauchhirn".

Es ist über den großen Vagusnerv, aber auch über viele andere Schaltungen mit unserem Gehirn verbunden; diesen Kommunikationsweg nennt man Darm-Hirn-Achse. Dieser Austausch geht allerdings vor allem, also zu etwa 90 Prozent, vom Darm in Richtung unseres Gehirns. Jeder von uns hat schon einmal erlebt, dass er eine Entscheidung „aus dem Bauch heraus" getroffen hat oder seinem „Bauchgefühl" gefolgt ist.

Wie genau diese Kommunikation zwischen den Billionen von Lebewesen, die unseren Darm bewohnen, und unserem Gehirn funktioniert, daran forscht man gerade sehr intensiv. Die Wissenschaftler, die an dieser Forschung beteiligt sind, kommen aus dem Staunen nicht heraus. Und manche fragen sich sogar, wer hier eigentlich der Boss ist – der Mensch oder sein Mikrobiom?

Aber kehren wir zu unserer Mundhöhle zurück. Alles, was in unserem Darm landet, ist irgendwann über den Mund dort hineingekommen. Im Augenblick gerät auch dieser Bereich ganz langsam in den Fokus der Mikrobiomforscher.

Vor mehr als dreihundert Jahren baute Antoni van Leeuwenhoek, ein Tuchmacher aus Delft, das erste Lichtmikroskop mit einer etwa 270fachen Vergrößerung.

„Milliardenstadt" im Mund.

Aber er schaffte es nicht nur, dieses Wundergerät zu bauen, er beobachtete damit auch alles, was er in seiner Umgebung finden konnte. Er beschrieb als erster Mensch diese kleinen Wesen in seinem Zahnbelag und nannte sie ganz liebevoll „Dierkens", kleine Tierchen.

In unserem Mund leben bis zu 10 Milliarden Bakterien – das sind mehr als es Menschen auf unserer Erde gibt. Außerdem leben da auch noch Pilze, Viren, Amöben und andere Mikroorganismen.

Das Mikrobiom des Mundes ist bislang im Vergleich zu jenem des Darms noch Neuland. Tag für Tag kommen neue Erkenntnisse hinzu.

Man unterscheidet dabei zwischen kommensalen Bakterien, diese essen einfach ein bisschen mit und sind weder schädlich noch helfen sie uns, und den symbiotischen Bakterien. Die sind unsere Freunde: sie schützen uns vor feindlichen Angreifern und geben Stoffe ab, die uns und manchmal auch anderen Bakterienstämmen helfen. Unter den kommensalen Bakterien gibt es wiederum solche, die man opportunistisch nennt. Diese verhalten sich meist harmlos, können aber unter bestimmten Umständen und wenn sie in größeren Mengen auftreten, pathogen, also krankheitsauslösend werden.

Die Vorstellung, dass Bakterien also an sich etwas Gefährliches sind, ist so nicht richtig. Von den etwa 5.000 bisher identifizierten Bakterienarten sind nur rund 200 Spezies pathogen, also krankheitserregend. Das ist ein relativ kleiner Teil. Die Forscher gehen allerdings davon aus, dass etwa 95 bis 99 Prozent aller Bakterienspezies auf unserer Erde noch gar nicht bekannt sind. Allein in unserem Darm hat man in den letzten Jahren Tausende von neuen Bakterienarten entdeckt.

In meinen Vorträgen erwähne ich oft, dass wir Menschen uns schon immer nach Frieden gesehnt haben, obwohl in unserem eigenen Körper ständig Krieg herrscht. In jeder Sekunde kämpfen unsere Schutzspezies gemeinsam mit unserem Immunsystem gegen unerwünschte Eindringlinge.

Diese Aufgabe hat unsere Spezies allerdings trainiert, seit es sie gibt. Die Bakterien waren nämlich zuerst da, da sie in der Evolution sehr viel älter sind als der Mensch. Wir sind also unter der ständigen Anwesenheit von Bakterien entstanden und hatten nie die Möglichkeit, keimfrei aufzuwachsen.

Wie bereits erwähnt sind wir noch im Fruchtwasser unserer Mutter offen für alle Bakterien, die zu uns kommen wollen. Aber bereits da und noch mehr bei der Geburt und beim Stillen werden wichtige Weichen dafür gestellt, wer bei uns willkommen geheißen wird und wer nicht.

Für das Verständnis des Ökosystems in unserem Mund ist noch eine weitere Tatsache bedeutend: Es kommt nicht nur auf die Menge und die Art dieser Mikroben an, sondern auch darauf, wie sie miteinander kommunizieren. Dabei übernimmt jede Population, also jede Keimart, eine eigene Aufgabe, somit ist die Wirkung also immer nur eine gemeinsame. Dadurch schaffen sie es oft, gegen Angriffe äußerst widerstandsfähig zu sein. Spült man den Mund beispielsweise mit einem desinfizierenden Mundwasser, sterben einige davon ab. Die anderen wiederum können deren Leichen verspeisen und sich in einer anderen Konstellation neu organisieren.

Innerhalb des Mundes variiert die Bakterienpopulation in ihrer Art und Anzahl in den unterschiedlichen Bereichen, also auf der Zunge, der Wangeninnenseite, dem Gaumen, den Zähnen, dem Speichel, dem Rachen oder den Mandeln. In den beiden letzteren Bereichen gibt es bereits ein sehr wirksames Immunsystem. Man nennt es auch den Waldeyer-Rachenring. Ich kann mich noch gut daran erinnern, wie in meiner Kindheit der Kinderarzt, der auch ein Freund der Familie war und deshalb zu uns nach Hause kam, mit einem Teelöffel meine Zunge nach unten drückte, um in diesen Bereich hineinzuschauen. Er gilt als „immunologisches Frühwarnsystem". Hier meldet unser Körper die Gefahr, die von außen einzutreten versucht. Dieser Bereich ist bereits das Aufgabengebiet der HNO-Ärzte, den ich nicht so kompetent untersuchen kann wie diese. Die Untersuchung dieser Region überlasse ich ihnen deswegen vertrauensvoll und in enger Zusammenarbeit.

Am Übergang zu diesen Bereichen befindet sich unsere Zunge und sie ist so unglaublich, dass ich ihr unbedingt ein eigenes Kapitel widmen muss.

1.3 Unsere Zunge – eine Alleskönnerin

Unsere Zunge ist siebenundfünfzig Tage nach unserer Zeugung unser erstes voll ausgebildetes Sinnesorgan. Gleichzeitig ist sie ein äußerst beweglicher Muskel, der gut durchblutet und auf sehr komplexe Weise von vielen Nerven versorgt wird.

Mit unserer Zunge bewegen wir die Nahrung in unserem Mund, so kann sie gut durchgekaut und durchspeichelt werden. Gemeinsam mit den Wangen schiebt sie die Speise immer wieder zwischen die Zähne, diese zerkleinern sie dann.

Anschließend schlucken wir – unsere Zunge schiebt die Nahrung hinab in den Rachen. Hier hält sie schließlich unsere Atem- und Verdauungswege auseinander, so dass nichts Falsches geschluckt oder eingeatmet werden kann. Wenn die Menschen in meiner Praxis manchmal während der Behandlung oder bei Abformungen der Würgereiz plagt, erkläre ich ihnen, dass sie diesem sehr dankbar sein müssen, da er sie schon viele Male vor dem Ersticken oder dem Verschlucken gefährlicher Dinge beschützt hat und auch in Zukunft beschützen wird.

In ihrer Vielseitigkeit ist unsere Zunge von keinem anderen Muskel zu übertreffen: sehr beweglich, schnell und mit einer beeindruckenden Feinmotorik. Dadurch hilft sie uns zum Beispiel dabei, unsere Zähne, den Mund und die Lippen selbst zu reinigen. Ganz ausgiebig nutzen wir ihre Eigenschaften beim Sprechen. In vielen Sprachen ist das Wort „Sprache" mit dem Wort „Zunge" nahe verwandt oder gar identisch. Auch pfeifen könnten wir ohne Zunge nicht. Und lassen Sie uns wieder mit dem Schönsten enden: mit dem Küssen.

Zu diesen Eigenschaften gesellt sich zudem ihre Fähigkeit ganz viel wahrzunehmen: warm und kalt, Formen und Konsistenzen und schließlich Geschmack. Mit unserer Zunge unterscheiden wir die Geschmacksrichtungen süß, sauer, bitter, salzig und umami. Umami kommt aus dem japanischen und bedeutet „fleischig", „würzig" oder „herzhaft".

Wir sind uns in der Regel dessen ja nicht unbedingt bewusst, aber wir essen normalerweise nicht aus Vernunft oder weil wir Hunger haben. Wir essen, weil wir Appetit, weil wir Lust haben. Das hat die Natur ganz wunderbar eingerichtet: sie hat die Notwendigkeit der Nahrungsaufnahme mit dem Geschmackserleben verbunden. Ich habe vor einiger Zeit gemeinsam mit meinem Sohn die Netflix-Serie „Chef's Table" angesehen. Allein das Betrachten all dieser Delikatessen erzeugte in mir ein Gefühl von Lust und Freude und ließ mir das Wasser im Mund zusammenlaufen. Und wenn alles gut läuft und wir uns nicht von Werbung für industriell vorgefertigte Nahrung verführen lassen, haben wir beim Essen auch genau darauf Lust, was unser Körper gerade braucht.

Daran gibt es keinen Zweifel: was und wieviel wir essen, wirkt sich sehr nachhaltig auf unsere Gesundheit aus. Wie es sich auf unsere Mundgesundheit auswirkt, darauf werde ich später noch eingehen. Aus diesem Grund möchte ich an dieser Stelle die Entwicklung unseres Geschmackssinns näher beleuchten.

Man sagt so schön: „Über Geschmack lässt sich nicht streiten." Aber wie entwickeln sich eigentlich die Vorlieben und Abneigungen beim Essen? Wie wir gesehen haben, schluckt das Ungeborene bereits in der siebten Woche nach der Zeugung Fruchtwasser. Etwa im dritten Schwangerschaftsmonat beginnen sich die Geschmacksknospen auf seiner Zunge zu entwickeln, so dass es auch schon schmecken kann, was seine Mama gegessen hat. Im Gegensatz zu uns Erwachsenen verfügt der Säugling allerdings über viel mehr Geschmacksknospen.

linke
Niere

rechte
Niere

Darmtrakt

Milz

Leber

Bauch-
speichel-
drüse

Magen

Herz

linke
Lunge

rechte
Lunge

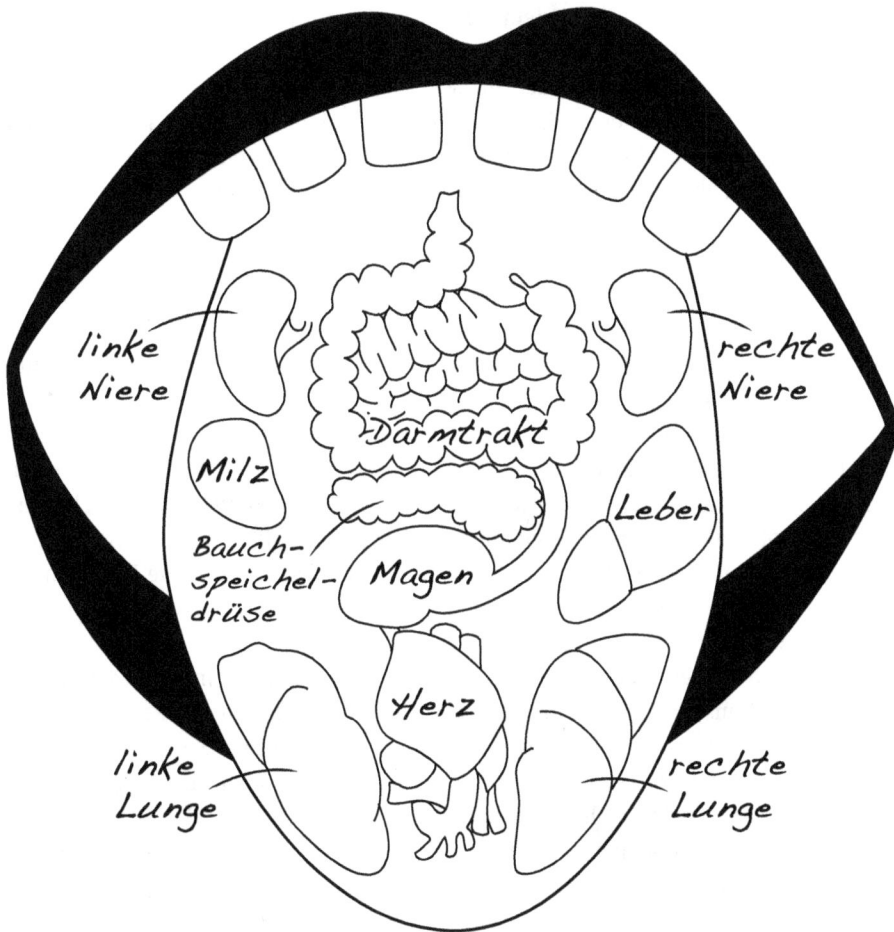

Ayurvedische Zungenkarte.

Ihre Zahl beträgt anfangs etwa 10.000 und geht im Laufe des Lebens auf rund 2.000 zurück. Babys sind also echte Feinschmecker.

Dadurch nehmen sie also viel mehr Geschmacksrichtungen wahr und empfinden sie auch intensiver. Die Vorliebe für Süßes ist allerdings immer vorhanden: Süß signalisiert dem Baby energiereiche, schnell verwertbare Kost und genau das braucht es, um groß und stark zu werden. Nicht umsonst schmeckt Muttermilch süß. Vor Bitterem schrecken wir Menschen dabei eher zurück, da bittere Substanzen oft giftig sind.

Im Alter von etwa zwei Jahren machen die Kinder eine Phase durch, in der sie sehr stark zwischen der Neugier und der Abneigung gegen Nahrungsmittel schwanken. Deshalb ist es besonders wichtig, dass sie vor dieser Phase möglichst vielfältige Geschmackseindrücke erleben. Denn das Geschmacksrepertoire entfaltet sich in den ersten sechs bis sieben Jahren ganz intensiv, um später kontinuierlich abzunehmen.

Unser Geschmackssinn ist zudem sehr eng mit dem limbischen System in unserem Gehirn verbunden, das der Verarbeitung von Emotionen dient. Marcel Proust beschreibt in seinem Werk „Auf der Suche nach der verlorenen Zeit" auf mehreren Seiten den Geschmack einer in Tee getunkten Madeleine, der ihn an seine Kindheit erinnert. Man hat deshalb diesen Effekt, dass ein Geschmack oder ein Geruch plötzlich und unerwartet ganz bestimmte Erinnerungen hervorruft, auch nach ihm als den „Proust-Effekt" benannt.

Aber kehren wir zu unserer Zunge zurück. Nicht umsonst untersuchen Ärzte die Zunge mit großer Aufmerksamkeit, denn viele Krankheiten kann man uns buchstäblich von der Zunge ablesen. Unser Zungenbelag ist eine Mischung aus Nahrungsresten und Mikroorganismen. Da sind sie wieder: unsere „Dierkens". Ich stelle Ihnen nun das Mikrobiom der Zunge vor.

Hier ist es wie überall in der Bakterienwelt: Die Mikroben auf unserer Zunge sind nicht einfach bunt zusammengewürfelt, sondern in Kolonien organisiert. In einer erst im letzten Jahr veröffentlichten Studie machten Forscher durch Fluoreszenz-Farbstoffe, die bestimmte Gene auf dem Erbgut der Bakterien markierten, diese im wahrsten Sinne des Wortes als bunte Bakterienkolonien sichtbar. Die Bilder davon sind nicht nur wunderschön anzusehen, sie eröffnen auch einen ganz neuen Blick auf die faszinierende Welt der Bakterien, die wir in uns tragen.

Wie so oft in der Wissenschaft entdeckt man altes Wissen immer wieder neu. Schon in den tausende Jahre alten Schriften des Ayurveda wird die morgendliche Reinigung der Zungenoberseite empfohlen. Dazu verwendet man Zungenschaber aus Metall – sie sind heutzutage auch im Internet bestellbar –, aber ein Zungenreiniger aus dem Drogeriemarkt erfüllt diese Aufgabe genauso gut. Dadurch wird die Zunge sanft von Bakterien und ihren Toxinen (das sind Gifte, die von Bakterien gebildet werden) befreit. Das hilft nicht nur bei der Vorbeugung von Erkrankungen wie Karies und Parodontitis, sondern verbessert auch die Empfindlichkeit der Geschmacksknospen, was zu einer Erhöhung des Geschmacksempfindens führt.

In der ayurvedischen Anamnese wird die Zunge immer zur Diagnose miteinbezogen. Es gibt in den alten Schriften eine wunderschöne Landkarte der Zunge, die beschreibt, wo man die Krankheiten der inneren Organe auf der Oberfläche der Zunge erkennen kann. Aber auch später spielte die Zunge in der Heilkunst eine wichtige Rolle. Lange bevor es die modernen diagnostischen Möglichkeiten gab, waren die Ärzte aller Kulturen auf die Untersuchung jener Bereiche beschränkt, die man von außen sehen konnte. Und da erwiesen sich die Zunge wie auch der gesamte Mund als ganz besonders aufschlussreich, um Vorgänge im ganzen Körper zu verstehen.

Es bleibt also abzuwarten, ob die Mikrobiomforschung dazu beitragen wird, die Zunge als einfach zu untersuchenden Körperteil wieder mehr für die Diagnostik von Krankheiten einzusetzen.

1.4 Unser Speichel – ein ganz besonderer Saft

Alles, was wir bisher in diesem Biotop unseres Mundes beschrieben haben, wäre ohne Speichel nicht möglich. Viele gefährliche Mikroorganismen werden allein schon durch den Speichelfluss ständig von der Oberfläche der Zähne und der Schleimhäute des Mundes entfernt und verschluckt. Diese Tatsache wurde auch aktuell wieder mit Auftreten der Corona-Pandemie betont und es wurde den Menschen empfohlen, möglichst viel zu trinken und die Schleimhäute feucht zu halten. Darüber hinaus enthält der Speichel aber auch wirksame Bestandteile, die für die richtige Balance der Bakterien in unserem Mund sorgen. Nicht zuletzt ist er ein Lösungsmittel für unsere Nahrung, die erst in gelöster Form von unseren Geschmacksknospen erkannt und gekostet werden kann.

Schauen wir uns aber dieses Wunderwasser etwas näher an.

Wir bilden täglich etwas mehr als einen halben Liter Speichel. Wenn wir wach sind, sind es im Durchschnitt etwa 20 ml pro Stunde, die Menge nimmt jedoch deutlich zu, wenn wir essen oder auch schon vorher – wenn wir ans Essen denken. Dann läuft uns buchstäblich das Wasser im Mund zusammen. Während der Nacht versiegt der Speichelquell jedoch fast vollständig, deswegen können die Bakterien sich nachts auch so gemütlich auf unseren Zähnen festsetzen, man spürt sie dann morgens beim Aufwachen, wenn man mit der Zunge darüber streicht.

Unsere „Spucke" ist eine geruchs- und geschmacklose Flüssigkeit, die zu 95,5 Prozent aus Wasser besteht. Sie wird von den kleinen Speicheldrüsen, die sich in unserer Mundschleimhaut befinden, und vor allem von den drei großen Speicheldrüsen gebildet, die paarig angelegt sind. Der Speichel, den sie bilden, hat wiederum eine unterschiedliche Zusammensetzung. Die Ohrspeicheldrüse (Glandula Parotis) bildet ein dünnflüssiges und eiweißarmes Sekret, den sogenannten „Verdünnungsspeichel", der etwa ein Viertel der Speichelmenge ausmacht. Sie liegt etwas vor unseren Ohren und entleert ihren Beitrag zum Speichel durch eine kleine Öffnung an der Innenseite unserer Wangen. Die Unterkiefer- (Glandula submandibularis) und die Unterzungenspeicheldrüse (Glandula sublingualis) bilden sogenannten „Gleitspeichel", ein eiweißreiches Sekret. Ihre Flüssigkeit entweicht durch zwei nebeneinander liegende Öffnungen unterhalb unserer Zunge. Manchmal kann man während der Behandlung richtige „Springbrunnen" aus diesen Öffnungen hervorsprudeln sehen.

Das Wasser in unserem Speichel macht ihn natürlich noch nicht zu jenem besonderen Saft, den ich hier beschreibe. Das Besondere liegt in den restlichen 0,5 Prozent der darin gelösten Stoffe. Da sind zum einen Mucine, die „Schmierstoffe" der Mundhöhle. Sie erleichtern das Kauen und Schlucken fester Nahrung und legen sich schützend über die Schleimhäute, um sie vor Verletzung und Austrocknung zu bewahren. Im Mund haben wir auch schon Verdauungsenzyme, die das Essen bereits vorverdauen können, besonders dann, wenn wir es lange genug kauen. Das kann jeder von uns ausprobieren: wenn man ein Stück Brot lange genug kaut, fängt es irgendwann an, süß zu schmecken.

Weitere Enzyme sind Lysozym, das Wandbestandteile von Bakterien spalten kann, und Peroxidase, das ebenfalls gegen Bakterien und Viren wirksam ist. Darüber hinaus haben wir hier Antikörper – Immunglobuline –, die ganz spezifische Krankheitserreger abwehren können. Diese Immunglobuline sind Eiweißmoleküle, die von unserem Immunsystem produziert werden, nachdem es bereits mit Antigenen – das sind Zellbestandteile von Krankheitserregern – in Kontakt gekommen ist, seien es Bakterien, Pilze, Viren oder andere. Es handelt sich also um eine Erinnerung an frühere Kriege, die in unserem Körper gegen einen bestimmten Feind geführt wurden. Wie bei uns Menschen spielt auch hier, in dieser mikroskopischen Welt, die Erfahrung eine Rolle. Im Laufe dieses Buches werde ich noch ein paar Mal auf die Rolle unseres genialen Immunsystems eingehen.

Erst 2006 entdeckte man in unserem Speichel ein sehr wirksames Schmerzmittel, das Opiorphin. Es ist noch viel wirksamer als Morphium, in unserem Mund haben wir es aber nur in ganz kleinen Mengen. Die Wissenschaftler arbeiten immer noch daran, auf der Basis dieses Moleküls ein Medikament zu entwickeln, das nicht nur schmerzstillend, sondern auch antidepressiv wirken soll.

Das können wir auch im Alltag selbst beobachten. Haben Sie sich nicht schon einmal gefragt, warum Halsschmerzen nach dem Essen besser werden? Auch Kaugummi kauen regt den Speichelfluss an und baut erwiesenermaßen Stress ab. Aber Vorsicht: Zu viel Kaugummi kauen schädigt unsere Kiefergelenke und unsere Kaumuskeln. Darauf werde ich später in dem Kapitel über die Harmonie in unserem Mund eingehen.

Allein durch das Verständnis unseres Speichels können wir demnach erkennen, welch wirksame Barriere unser Körper hier im Mund zu unserem Schutz vor Krankheiten und – wie erst seit kurzem bekannt – auch vor Schmerzen aufgebaut hat. Wir wissen das aber scheinbar intuitiv schon von selbst: wer hat nicht schon reflexartig seinen verletzten Finger in den Mund gesteckt, nachdem er sich geschnitten hat?

Betrachten wir den Speichel hinsichtlich seiner anorganischen Bestandteile, tut sich plötzlich noch einmal ein ganz eigenes Universum auf. Der Speichel, wie er direkt in den Speichelzellen der Drüsen gebildet wird, entspricht von seiner Elektrolytzusammensetzung dem unseres Blutplasmas.

Auf dem Weg durch den Speichelgang wird jedoch viel Energie darauf verwendet, einen Großteil des Natriumchlorids und des Bicarbonats herauszufiltern. Nur dadurch schmeckt unser Speichel nicht salzig und eignet sich optimal für das Erkennen der Hauptgeschmacksrichtungen auf unserer Zunge.

Von großer Bedeutung für das Verstehen von Karies und seiner Bekämpfung, auf die ich später noch eingehen werde, ist die Pufferfunktion unseres Speichels. Es gibt drei Puffersysteme in unserem Speichel, die ganz unterschiedlich wirken. Durch diese gelingt es dem Speichel, seinen pH-Wert auch bei der Zufuhr von säurehaltigen Speisen und Getränken oder den Angriffen von säurebildenden Bakterien konstant bei etwa 7, also im neutralen Bereich zu halten. In diesem Bereich funktioniert unser Speichel nämlich wirkungsvoll als Baumeister für unsere Zähne. Durch die sogenannte Remineralisation werden unsere Zähne unentwegt von außen her repariert. Dafür ist unser Speichel mit Kalzium und Phosphat übersättigt. Sobald sich also aus der harten Substanz unserer Zähne Mineralstoffe herauslösen, werden diese bei neutralem pH-Wert durch die Mineralsalze unseres Speichels wieder aufgebaut.

Dass diese Salze in unserem Mund nicht spontan ausfallen, verhindern bestimmte Proteine in unserem Speichel. Nur in der bakteriellen Plaque, auf die ich ebenfalls später eingehen werde, können diese Proteine nicht wirksam werden, das führt an dieser Stelle zur Bildung von Zahnstein.

Zu guter Letzt möchte ich noch auf ein unsichtbares und gleichzeitig äußerst wirksames kleines Häutchen auf der Oberfläche unserer Zähne eingehen, man nennt es das Schmelzoberhäutchen oder die Pellikel. Damit bezeichnet man einen 0,5–1 Mikrometer dünnen filmartigen Niederschlag, der einen sehr wirkungsvollen Schutz für unsere Zähne darstellt.

Durch seine Eigenladung geht dieser Film eine elektrostatische Bindung mit den Calcium- und Phosphatgruppen des Zahnschmelzes ein. Dieses kleine Etwas wird viele Male am Tag – durch Zähneputzen, Abrieb oder dem Essen von etwas Hartem, beispielsweise einer Möhre – zerstört. Und setzt sich trotzdem augenblicklich wieder zusammen, um unsere Zähne zu schützen.

Die Rolle des Schmelzoberhäutchens ist jedoch zwiespältig. Einerseits schützt es uns also und trägt mit Hilfe des Speichels zur Remineralisation bei, darüber hinaus enthält es Proteine und Enzyme, die gegen Bakterien und Pilze wirksam sind. Andererseits könnten sich ohne diesen Proteinfilm keine Bakterien auf der glatten Oberfläche der Zähne anheften und so die Plaque oder den sogenannten oralen Biofilm bilden.

Nun sind wir also mit unserem Mund und allem, was darin so passiert, etwas vertrauter geworden. Die Zeit ist reif dafür, uns jetzt der Erhaltung der Mundgesundheit zuzuwenden.

2 Wie wir unsere Mundhöhle gesund erhalten

Alles, was ich Ihnen hier erzähle, erzähle ich so Tag für Tag den Menschen in meiner Praxis, natürlich nicht alles auf einmal. Jene jedoch, die seit Jahren zu mir kommen, können sich gar nicht dagegen wehren, sich nach und nach zu Experten in ihrer Mundgesundheit ausbilden zu lassen. Also lassen Sie sich jetzt an die Hand nehmen, denn ich lade nun auch Sie dazu ein.

Bevor wir jedoch loslegen, widmen wir uns erst einmal dem Thema Angst vor dem Zahnarzt. Diese Angst verhindert nämlich bei vielen von uns diese Ausbildung zum „Mundgesundheitsexperten".

2.1 Die Zahnarztangst – und wie wir sie abbauen können

Es ist wirklich beeindruckend, dass sich auch heute noch, trotz der Möglichkeit der weitestgehend schmerzfreien zahnärztlichen Behandlung unter Lokalanästhesie, die Angst vorm Zahnarzt so hartnäckig behauptet. Etwa 75 Prozent der Menschen geben eine leichte bis mittlere Angst vor der Zahnarztbehandlung an und etwa fünf Prozent vermeiden sie aus diesem Grund völlig. Bei diesen fünf Prozent spricht man nach der International Classification of Diseases (ICD) der WHO (World Health Organization) von einer Angsterkrankung, der Zahnbehandlungsphobie.

Von Anthony de Mello stammt die Aussage „Angst liegt nie in den Dingen selbst, sondern darin, wie man sie betrachtet". Und die Menschen, die vor der Behandlung Angst haben, sind wahre Meister darin, sich die unglaublichsten Dinge dazu vorzustellen. Aus der Zeit meiner Ausbildung in klinischer Hypnose in Heidelberg erinnere ich mich noch lebhaft an die Aussage meines Kursleiters. Sinngemäß bemerkte er, dass Steven Spielberg wahrscheinlich für das Drehbuch zu dem imaginären „Zahnbehandlungsfilm" eines Menschen mit Zahnbehandlungsphobie ein Vermögen zahlen würde. Wer also noch keine Angst vor dem Zahnarzt hat, sehe sich den Film „Charlie und die Schokoladenfabrik" an. Oder man lauscht als Kind den Erzählungen der Eltern, Großeltern oder anderen Familienmitgliedern – irgendjemand findet sich in jeder Familie, der dazu mindestens eine Horrorgeschichte erzählen kann. Von den eigenen Familiengeschichten zum Thema Zahnarzt habe ich Ihnen ja schon zu Anfang dieses Buches erzählt.

Sehr förderlich für diese Angst ist auch die Drohung mit dem Zahnarztbesuch, wenn man gerade eine köstliche kleine Süßigkeit genußvoll im Mund hin und her schiebt. Die Menschen in meiner Praxis verbinden ihre Angst – egal welchen Ausmaßes – so gut wie immer mit einer bestimmten Begebenheit. Meist ist ein unerwartetes Schmerzempfinden, das als traumatisch empfunden wurde, der Auslöser dazu.

Bei jenen fünf Prozent, die aufgrund ihrer Angst den Besuch beim Zahnarzt meiden, verschlechtert sich der Zustand ihres Gebisses jedoch nach und nach, das wissen sie selbst meistens auch. Dadurch wird die Angst schließlich größer und führt dazu, dass sie den Behandlungsbedarf überschätzen.

https://doi.org/10.1515/9783111026299-002

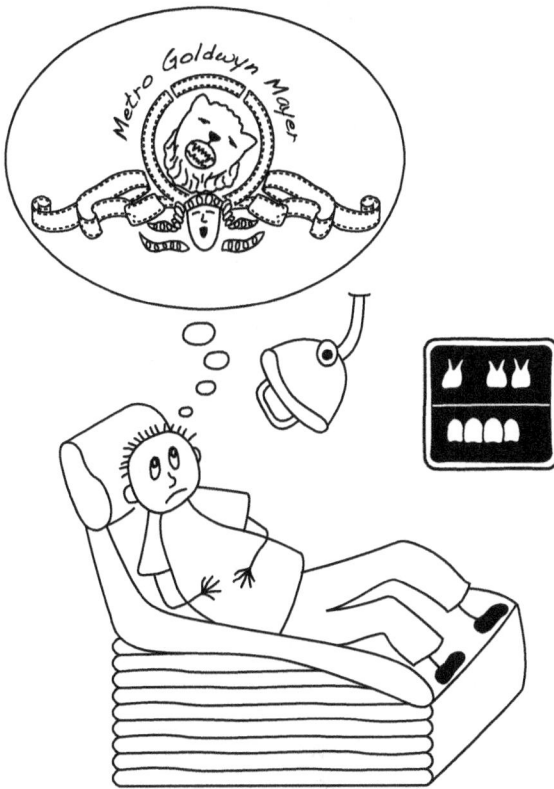

Auf dem Behandlungsstuhl.

Ich erinnere mich an eine Frau in meiner Praxis, die anfangs sehr große Angst vor der Behandlung hatte. Das kleine Baby, das sie in der Babyschale dabeihatte, weinte zu Anfang so verzweifelt, dass wir es kaum zu beruhigen vermochten. Nach und nach und von Behandlung zu Behandlung legte nicht nur die Mutter ihre Angst ab, auch das Baby beruhigte sich zusehends und schlief meistens friedlich.

Das Baby, das zu einem hübschen jungen Mann herangewachsen ist, kommt immer noch jedes halbe Jahr zu mir und mein Herz macht jedes Mal einen freudigen Satz, wenn ich seine wunderschönen gesunden Zähne untersuche. Wir tun also, wenn wir unsere Angst ablegen nicht nur uns, sondern auch unseren Kindern etwas Gutes.

Für Kinder ist es ganz natürlich, Angst vor dem Unbekannten zu haben. Wenn sie sich in einer neuen Situation befinden, schauen sie zuerst bei ihren Eltern nach, ob Gefahr besteht. Steht ihren großen, starken Eltern der Schrecken ins Gesicht geschrieben, reagieren sie selbst ängstlich. Auf diese Weise wird die Zahnarztangst von Generation zu Generation weitergegeben.

Vor nicht allzu vielen Generationen und bevor es die örtliche Betäubung gab, traten „Zahnzieher" sogar auf dem Jahrmarkt auf. Dort lockten bunt gekleidete Scharlatane Schaulustige und von Zahnschmerzen geplagte Menschen an und taten so, als zögen sie einem Bekannten einen Zahn. Wenn die Leute dann zu ihnen kamen, um sich ihre schmerzenden Zähne ziehen zu lassen, wurden ihre Schreie von Trommeln und Trompeten übertönt. Ich fürchte, dass manche Menschen uns Zahnärzte auch heute noch als solche grausamen Scharlatane ansehen.

Ich werde immer noch erstaunlich oft gefragt, wann man mit seinem Kind eigentlich zum ersten Mal zum Zahnarzt „muss". Ich antworte dann, spätestens wenn wir (das gilt natürlich nur für Frauen) es im Bauch haben.

In den zahnärztlichen Kinderpässen – wir geben sie sofort aus, wenn wir die freudige Nachricht über ein neues Leben erhalten – sind die ersten zwei Vorsorgeuntersuchungen im ersten beziehungsweise dritten Schwangerschaftstrimenon vorgesehen. Schließlich übertragen wir ja bereits in dieser Phase „Mundhöhlenbewohner" auf unsere Kinder.

Streng genommen sollten Eltern jedoch schon zum Zahnarzt, wenn sie sich Kinder wünschen. Warum das so ist, erfahren Sie später bei dem Thema Schwangerschaft und Mundgesundheit.

Die Erfahrung aus meiner Praxis zeigt mir, dass jene Kinder, die so früh regelmäßig – also halbjährlich – zum Zahnarzt gehen, so gut wie nie eine Zahnarztangst entwickeln.

Was hilft jedoch, wenn die Angst nun mal da ist? Am wichtigsten ist die intensive Beratung und Aufklärung zu den bevorstehenden Behandlungsschritten. Auch das Zeigen der Instrumente und wofür sie benötigt werden hat sich bewährt. Wichtig ist, dass auch im weiteren Verlauf der Behandlung jede Planänderung mitgeteilt wird und jede Kommunikation auf Wahrheit und Transparenz beruht. Eigentlich ist dies aber selbstverständlich und alle Menschen sollten es von ihrem Arzt oder Zahnarzt erwarten dürfen. So kann sich nach und nach und von Termin zu Termin eine vertrauensvolle Beziehung zwischen den Menschen und ihrem Arzt oder ihrer Ärztin entwickeln.

In sehr schweren Fällen können darüber hinaus Medikamente verabreicht werden, diese sollten aber wegen der möglichen Suchtgefahr nur kurzzeitig zum Einsatz kommen. Weitere Ansätze sind Hypnose und Akupunktur, dazu gibt es allerdings laut der aktuellen Leitlinie der DGZMK (Deutsche Gesellschaft für Zahn-, Mund- und Kieferheilkunde) keine ausreichende Evidenz. Evidenz gibt es allerdings bei der Diagnose „Zahnbehandlungsphobie" zu psychotherapeutischen – vor allem verhaltenstherapeutischen – Methoden und diese können nach sorgfältiger Diagnosestellung auch vom Zahnarzt verordnet werden. Wie lange dies dauert und wie erfolgreich es ist, wird wiederum von der vertrauensvollen Beziehung zum Psychotherapeuten/zur Psychotherapeutin abhängen. So zeigt sich an dieser Stelle auch wieder, wie wichtig es für uns Vertreter der heilenden Berufe ist, zum Wohle der Menschen, die zu uns kommen, zusammenzuarbeiten.

Obwohl die Narkose der Wunschtraum vieler Menschen mit starker Zahnarztangst ist, kann man sie nur als letztmögliche Lösung ansehen, wenn alles andere versagt hat. Nicht nur, weil jede Narkose auch mit einem Risiko verbunden ist, sondern auch, weil dabei keine ursächliche Behandlung erfolgt und im Laufe eines Lebens ja viele Zahnarztbesuche notwendig werden.

Jetzt, da wir die Angst vor unserem Zahnarzt oder unserer Zahnärztin schon mal ein kleines bisschen abgelegt haben, widmen wir uns den häufigsten Erkrankungen der Mundhöhle und lernen, wie wir sie gemeinsam bekämpfen können.

2.2 Der Kampf gegen Karies

Ich habe lange gezögert, das Wort „Kampf" in die Überschrift von gleich zwei Kapiteln einzubringen, da ich ein sehr friedliebender Mensch bin. Wenn ich eine Sternschnuppe sehe, wünsche ich mir meistens nur eines: Frieden für uns, unsere Kinder, die Kinder, die sie einmal haben werden, und so fort. Deswegen heißt sogar unser Hund, der bei uns eingezogen ist, seit die Kinder aus dem Haus sind, Frieda.

Aber leider – ich habe es bereits bei der Beschreibung des Mikrobioms erwähnt – ist es nun einmal eine Tatsache: unser Körper und die Schutzspezies, die darin wohnen, führen gemeinsam mit unserem Immunsystem tagtäglich einen – meist sehr erfolgreichen – Kampf gegen jede Art von Angreifern.

Karies gilt als die häufigste Erkrankung des Menschen überhaupt. Aus der Zeit der Sumerer um 5000 v.Chr. bis in die Neuzeit hinein hielt sich der Glaube von einem Zahnwurm als Verursacher von Karies.

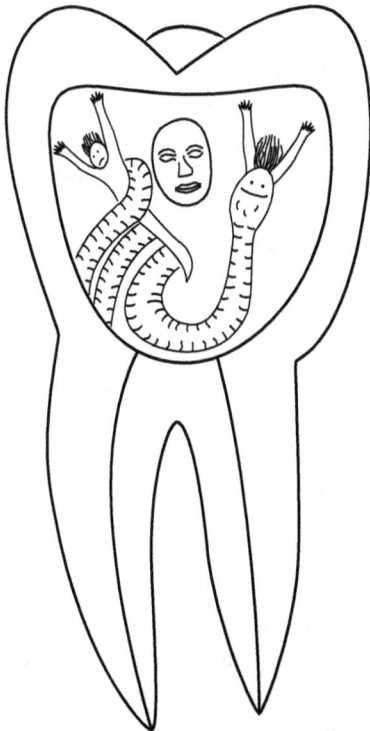

Zahnwurm, Elfenbeinschnitzerei aus Südfrankreich, 1780.

In einer Schrift aus der Bibliothek des Assyrerkönigs Assurbanipal aus dem 7. Jahrhundert v. Chr. ist eine Beschwörungsformel überliefert, die den Dämon „Zahnwurm" vertreiben soll.

Antoni van Leeuwenhoek, der Vater der Mikroskopie, den wir bereits im Kapitel über das orale Mikrobiom kennengelernt haben, fand sogar drei Würmer in einem frisch gezogenen Zahn – zwei tote und einen lebendigen. Er berichtete, dass seine „Frau herzhaft von altem Käse aß, der von Fäulnis befallen war und viele kleine Würmer in sich hatte".

Später entdeckte man, dass Säuren eine Rolle spielen, aber nicht, wie sie die Zahnsubstanz angreifen, um Karies zu verursachen. Der Durchbruch kam erst 1840 und aus einer ganz anderen Richtung: der Agrarchemie. Damals beschrieb Justus von Liebig die Gärung aus chemischer Sicht, ein Verfahren, das bereits seit Jahrhunderten angewandt wurde. Mitte des 19. Jahrhunderts wurde dann die Beteiligung von Mikroben in diesem Prozess durch Louis Pasteurs Forschungsarbeit zur Gärung beschrieben.

Dayton Miller, einem der Pioniere der Zahnmedizin, gelang es schließlich, diese Theorien auf die Entstehung von Karies zu übertragen. In dem kleinen Labor in Berlin, das er sich mit Robert Koch teilte, beobachtete er, dass bestimmte Bakterien Stärke mit Hilfe von Ptyalin in Zucker umwandeln, der zu Milchsäure vergoren wird.

Es sollten jedoch noch viele Jahre vergehen und viele weitere Theorien folgen, bis man zur heutigen sogenannten ökologischen Plaque-Hypothese gelangte, die seit 1994 anerkannt ist. Das heißt, selbst am Ende meines Studiums wurden mir noch die spezifische und die unspezifische Plaquehypothese beigebracht, die es seit 1976 gab. Aber das ist in der heutigen Medizin nichts Ungewöhnliches, wie wir bereits gesehen haben. Und wenn man sich heute Kariesbakterien unter dem Mikroskop anschaut, sehen einige von ihnen durchaus wurmartig aus.

Durch die aktuelle Mikrobiomforschung kommen fast täglich neue Erkenntnisse hinzu. Eine US-amerikanische Studie aus dem Jahr 2020 entdeckte zum Beispiel, dass an der Kariesentstehung beteiligte Bakterienstämme sehr komplex in einer koronaähnlichen, dreidimensionalen Struktur organisiert sind.

Karies gilt heute – wie die Parodontitis – als Volkskrankheit. Nach einem Ranking der WHO zu den Behandlungskosten für chronische Erkrankungen steht die Karies an vierter Stelle in der Welt. Die Kosten für die Vorbeugung von Karies sind hingegen verschwindend gering, darüber sind sich alle Gesundheitsökonomen einig. Abgesehen davon würden viele der im Kapitel zuvor genannten traumatischen Erfahrungen beim Zahnarzt ganz einfach wegfallen, wenn man die Karies von vornherein verhindert. Und glücklicherweise ist man hier auch schon weltweit auf dem richtigen Weg.

Nach der letzten Deutschen Mundgesundheitsstudie (DMS V) haben allerdings immer noch 20 Prozent der 12-jährigen Kinder Karies und nur 2,5 Prozent der 35–44-jährigen sind kariesfrei. Laut der Global Burden of Disease Study 2017 ist unbehandelte Zahnkaries an bleibenden Zähnen die häufigste Gesundheitsstörung. Weltweit leiden mehr als 530 Millionen Kinder an Milchzahnkaries, 60 bis 90 Prozent der Schulkinder und fast 100 Prozent der Erwachsenen haben Karies.

2.2.1 Die Piratengeschichte

Für die Kinder in meiner Praxis habe ich mir vor langer Zeit eine kleine Geschichte ausgedacht, die ihnen die Entstehung und Behandlung von Karies erklären soll: In unserem Mund tummeln sich Milliarden von klitzekleinen „Piratenbakterien", die unentwegt versuchen, in unseren Zähnen kleine Höhlen zu bauen, um darin zu wohnen. Wenn ich ein Kind untersuche und eine Karies entdecke, frage ich es immer, ob die „Piratenbakterien" auch um Erlaubnis gefragt haben, bevor sie da eingezogen sind. Ein Junge antwortete einmal: „Nein, und sie zahlen auch keine Miete!" Um die Höhle zu bauen, heften sich die „Piratenbakterien" vorerst an die Zahnoberfläche, hier gilt es deswegen, sie Tag für Tag mit der Zahnbürste zu vertreiben. Wohnen sie aber schon in der „Milchzahnstraße" Nr. 4 oder 5 (je nachdem welcher Milchzahn betroffen ist), essen sie alles, was wir essen, einfach auch noch mit. Und sie lieben – so wie alle Kinder ja auch – Süßes! Dann will ich wissen, ob die Kinder die Piraten mit mir gemeinsam vertreiben wollen. Natürlich sagen sie – wenn sie nicht allzu ängstlich sind – sofort ja! Ich zeige ihnen dann alles, was wir dazu brauchen. Zuerst eine Dusche zum Eröffnen der Höhle – der Eingang ist meistens ziemlich klein. Zum zweiten einen Staubsauger, mit dem meine Helferin das ganze Wasser aus der Dusche und den Speichel absaugt, damit man nicht alles trinken muss. Drittens ein kleines rundes Ding zum „Herauskitzeln" jener Piraten, die sich noch in den Ecken der Höhle verstecken – sie dürfen das sich sehr langsam drehende rosenähnliche Gebilde an ihrem Finger spüren. Sind die Piraten dann aus der Höhle vertrieben und ist sie

Piraten auf einem Piratenschiff auf der Flucht.

schön sauber und aufgeräumt, müssen wir sie nur noch „zubetonieren", damit niemand mehr einziehen kann. Die Füllung muss jetzt nur noch schön glatt und zu den Zähnen der Gegenseite passend gemacht werden.

Wenn sie wollen, können sich die Kinder das Ganze in einem Handspiegel mit anschauen.

Und zuallerletzt können sie die aus ihrem Zuhause hinausgeworfenen „Piratenbakterien" ausspülen. Über das Spuckbecken können diese dann über den Rhein und die Nordsee bis in die Karibik schwimmen, da wo sie hingehören!

2.2.2 Der orale Biofilm

So, und jetzt erzähle ich diese kleine Geschichte auch für alle Erwachsenen, die vielleicht dieses Buch lesen. Aber wir wissen es schon von Erich Kästner: „Nur wer erwachsen wird und ein Kind bleibt, ist ein Mensch." Die Geschichte mit den Piraten wirkt auf das Kind in uns.

Die Mikroben – unsere unsichtbaren kleinen „Piratenbakterien" – schaffen es nur, wie bereits beschrieben, sich an unsere unglaublich glatten Zähne anzuheften, weil es das Schmelzoberhäutchen, die Pellikel, gibt. Diese wird bei jedem Zähneputzen, aber auch beim Kauen harter Speisen zerstört und sofort – innerhalb von Sekunden – wieder aufgebaut. Sobald diese Pellikel von Bakterien besiedelt wird, nennt man es Plaque oder Zahnbelag. Bei jeder Untersuchung der Kinder zwischen 6 und 18 Jahren (da sind sie schon ein bisschen erwachsen) spielen wir in der Praxis „Detektiv". Wir färben die „Piratenbakterien" mit einer Flüssigkeit an und sie dürfen sich das Ergebnis im Spiegel ansehen. Bis zu einer bestimmten Schichtdicke ist dieser „Bakterienrasen" rosa, danach färbt er sich blau. An den blauen Stellen haben die Kinder mindestens zwei Tage lang mit der Zahnbürste vorbeigeputzt.

Meine Tochter hat in einer GFS (einer „Gleichwertigen Feststellung von Schülerleistungen") das Thema Mundgesundheit gewählt und mit dieser Färbemethode – es gibt Tabletten dazu im Drogeriemarkt – alle Mitschüler ihre Zähne anfärben lassen. Mit Einmalzahnbürsten aus der Praxis konnten sie dann üben, wie man die Farbe wieder von seinen Zähnen wegbekommt. Kurz danach hatten wir ein Klassenfest in einer Grillhütte im Wald und die Eltern ihrer Klassenkameraden haben beeindruckt davon erzählt, wie gewissenhaft sich ihre Kinder seither die Zähne putzen.

Die „Piratenbakterien" tummeln sich nun nicht nur einfach so auf unseren Zahnoberflächen. Sie sind in einem sogenannten Biofilm organisiert. Biofilme kommen überall vor, vor allem aber auf feuchten Oberflächen: auf unseren Fußböden, auf Gestein, auf – und in – Pflanzen und Tieren. Als Beispiel gebe ich gerne die Klappe einer Waschmaschine an, die oft eine schleimige, leicht schmierige Schicht von Keimen beherbergt. In diesen Biofilmen geschieht etwas Ähnliches wie in der Geschichte unserer Zivilisation: so wie Menschen sich in Städten zusammengetan haben, um gegen Unwetter oder Angreifer besser gewappnet zu sein, so trotzen Mikroorganis-

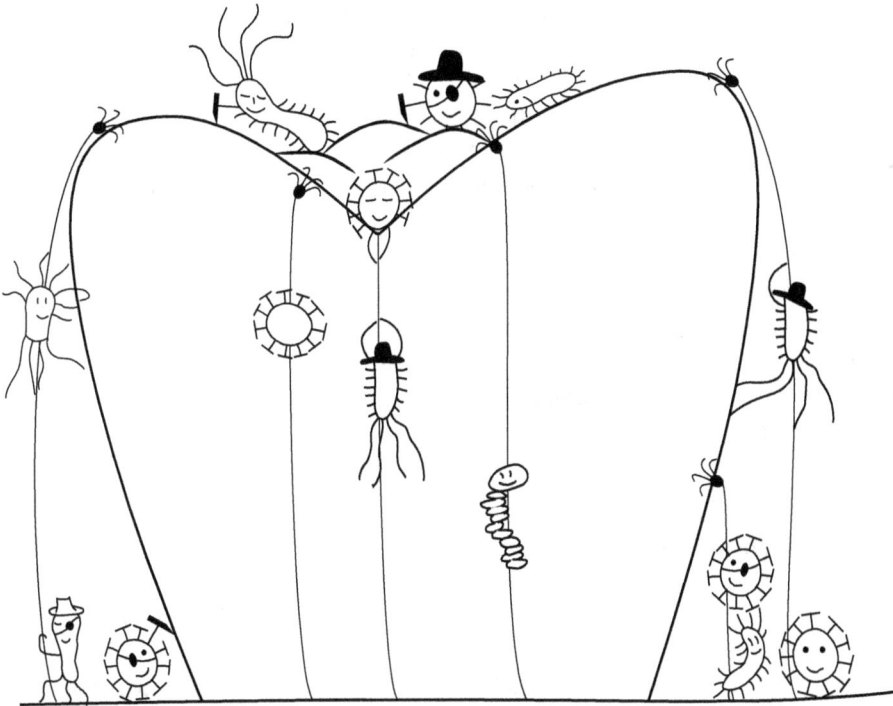

Piraten mit Enterhaken und Seilen am Zahn.

men gemeinsam giftigen Substanzen und anderen Angreifern. In diesem ökologischen Zusammenleben teilen sie sich die Nahrung, geben Gene aneinander weiter und können innerhalb des Biofilms sogar den pH-Wert regulieren.

Wie alle Biofilme entsteht also die Plaque oder der orale Biofilm an einer feuchten Oberfläche – der des Zahnes. Anfangs heften sich die sogenannten Pionierkeime mit Hilfe ihrer Pili und Fimbrien (das sind haarähnliche Ausläufer dieser Bakterien) an die Pellikel der Zähne an.

Der Bakterienrasen wächst erst in die Breite und schließlich in die Dicke, dabei werden sogenannte Bakterienkolonien gebildet. Aber die kleinen Mikroben sind noch einfallsreicher. Wie wir Menschen beim Städtebau bauen auch sie spezielle Wasserkanäle, die die Nahrung von außen nach innen und die von den Bakterien gebildeten Giftstoffe von innen nach außen befördern können.

Wenn man nämlich genauer hinsieht, bestehen diese Biofilme nur zu einem kleinen Teil aus Bakterien. Vielmehr haben wir es mit einem feinen Netz von sogenannten Exopolysacchariden zu tun, die den Biofilmbewohnern Unterschlupf bieten. Diese Substanzen werden von den Bakterien hergestellt und erfüllen viele Aufgaben: Sie beherbergen die Bakterien nicht nur, sie können auch Nährstoffe speichern, spielen bei der Regulation des pH-Werts und bei der Kommunikation zwischen den Bakterien eine Rolle.

Das sind also die Städte – ich stelle sie mir ein bisschen wie ein geheimnisvolles unterirdisches feuchtes Labyrinth vor – in denen unsere „Piratenbakterien" wohnen, essen, sich den gewünschten pH-Wert einstellen und miteinander kommunizieren. Ganz genau ist der Mechanismus dieser Kommunikation noch nicht erforscht, aber man geht davon aus, dass zum Beispiel Antibiotikaresistenzgene von einer Bakterienspezies an die andere weitergegeben werden können. Also, so eine Art Schule haben sie auch.

Eine bedeutsame Auswirkung dieser Tatsachen wird beim Einsatz von lokalen Antibiotika deutlich: Die in Biofilmen organisierten Bakterien sind 1.000 bis 1.500-fach resistenter gegen lokale Antibiotika als die „schutzlosen" Keime. So gut sind also diese „Feinde" in unserem Mund organisiert. Das Thema Biofilm wird uns auch noch beim Thema Parodontitis beschäftigen, jetzt geht es uns erst einmal um die Karies und wie sie entsteht.

2.2.3 Kariesentstehung

Als Hauptverursacher von Karies gilt Streptococcus mutans, gefolgt von Lactobazillen. Auch Candida-Pilze scheinen bei der Kariesentstehung eine Rolle zu spielen.

Diese Bakterien leben von den Nahrungsmittelresten, die an oder zwischen unseren Zähnen hängen bleiben. Sie bevorzugen dabei Zucker und Stärke und bilden als Nebenprodukt Milchsäure. Diese Milchsäure vermag es – aber nur in einer ausreichenden Konzentration – die Mineralstoffe aus der wunderbar harten Zahnsubstanz herauszulösen. Dies kann wiederum nur bei einer längeren Absenkung des pH-Werts in unserem Mund erfolgreich sein. Hier haben wir auch schon einiges über die Puffersysteme in unserem Speichel gelernt. Diese sind ständig darum bemüht, diesen pH-Wert neutral, also bei etwa 7, zu halten. Außerdem wird unser Zahnschmelz – wie wir schon erfahren haben – mit Hilfe unseres Speichels kontinuierlich remineralisiert. Die „Piratenbakterien" brauchen zum Höhlenbau also einige Bedingungen: möglichst kohlenhydrathaltige Nahrung, ein saures Milieu im Mund bei möglichst geringem Speichelfluss und sie müssen zudem noch viele sein, um ausreichend Milchsäure zu bilden. Und ganz wichtig: sie brauchen genug Zeit. Dann schaffen sie es, diese Wunderwerke der Natur, unsere Zähne, aufzuweichen. Und dies erfahren fast alle Menschen im Laufe ihres Lebens.

Zu Anfang ist nur der Zahnschmelz von der Entkalkung betroffen. Man spricht dann von Initialkaries. An den sichtbaren Flächen der Zähne kann man diese kreidigen Veränderungen als sogenannte „white spots", also weiße Flecken erkennen. In den Zahnzwischenräumen hingegen sind diese oft sehr schwer zu entdecken und es macht in bestimmten Fällen Sinn, diesen Vorstadien der Karies mit sogenannten Bissflügelaufnahmen (das sind spezielle Röntgenaufnahmen) auf die Schliche zu kommen. Dieses Stadium der Karies ist reversibel, das heißt man kann die Struktur des Schmelzes an dieser Stelle wieder „reparieren". Unser Speichel macht das in Zusam-

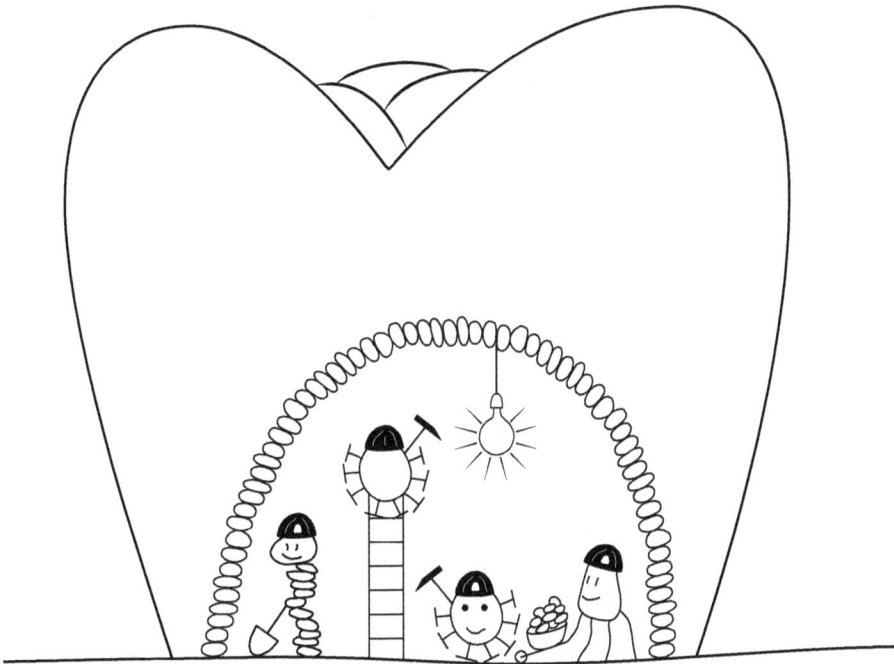

Minenarbeiter in der Zahnhöhle.

menarbeit mit dem Schmelzoberhäutchen ja sowieso ständig. Wie wir die Entstehung der Karies nicht nur verhindern, sondern eine solche „Reparatur" auch unterstützen können, darauf komme ich später zurück.

Schreitet die Entkalkung an diesen initialkariösen Stellen weiter fort, bricht die Oberfläche schließlich ein, die „Piratenbakterien" haben den Eintritt durch die harte Schutzschicht geschafft! Darunter liegt wie bereits beschrieben das nicht nur etwas weichere, sondern vor allem auch aus mehr organischen Bestandteilen bestehende Dentin. Deswegen breitet sich die Karies hier, also unterhalb der Schmelz-Dentin-Grenze in der Breite aus, in der Fachsprache nennt man das „unterminierend", was wiederum an Minenarbeit erinnert. Diese Piraten sind schließlich auch Minenarbeiter auf der Suche nach den Schätzen in unserem Mund.

Viele Menschen denken immer noch, Karies würde weh tun und sie würden es merken, wenn sie diese Krankheit hätten. Das gleiche gilt leider auch für Parodontitis. Dem ist aber nicht so. Wenn wir eine Karies selbst merken, sei es daran, dass unterhöhlter Zahnschmelz wegbricht oder unsere Zähne auf Kälte und Wärme empfindlicher reagieren, ist die gebaute Höhle meistens schon ziemlich groß. Deshalb ist die genaue Untersuchung durch den Zahnarzt oder die Zahnärztin auch so wichtig. Man braucht dazu eine gute Lichtquelle, einen kleinen runden zahnärztlichen Spiegel sowie eine dünne Sonde (ein Stab mit einem spitzen, dünnen Ende). Eine Lupenbrille ist ebenfalls von Vorteil. Und in der Regel sollte diese Inspektion mindestens ein Mal jährlich, besser aber noch halbjährlich stattfinden, um die Defekte nicht allzu spät zu erkennen.

Schreitet der Höhlenbau nun immer weiter voran, nähern sich auch die Bakterien nach und nach der Pulpa oder dem „Nerv" des Zahnes. Auch hier kann sich unser Körper noch wehren: Von innen heraus bildet die Pulpa lebenslänglich neues Dentin, dadurch werden unsere Zähne im Laufe des Lebens immer unempfindlicher und die Pulpenhöhle immer enger. An jenen Stellen, an denen die Bakterien angreifen, kann die Pulpa dies sogar auf den Reiz hin intensivieren und sich noch stärker zurückziehen. Erst wenn die Bakterien die Pulpa schließlich erreicht haben, treten starke Schmerzen auf. Dann ist der Gang zum Zahnarzt oder zur Zahnärztin unaufschiebbar.

Wie bei allen Krankheiten unseres Körpers ist es am besten, wenn man sie vermeidet oder zumindest in einem frühen Stadium erkennt und ihnen hier bereits entgegenwirkt. Wie dies möglich ist, erfahren Sie im Folgenden.

2.2.4 Rund ums Zähneputzen

Dass sich sogar Affen die Zähne putzen, habe ich bereits im Vorwort erwähnt. Man geht davon aus, dass schon die Urmenschen versuchten, ihre Zähne gründlich zu reinigen. Dafür verwendeten sie Kaustöckchen, auf denen sie im Mund herumkauten, bis das Ende weich und ausgefranst war.

Auch Rezepte für Zahnpulver und -pasten sind aus den früheren Hochkulturen bekannt. In der Antike verwendete man beispielsweise ein Zahnpulver aus feinen Partikeln wie zerriebenen Knochen, Natron, Muschelkalk oder Bims, das mit ätherischen Ölen oder auch Myrrhe versetzt wurde.

Auch heute noch reinigen die Menschen aus unterschiedlichen Kulturen ihre Zähne nicht alle gleich. In vielen afrikanischen Ländern benutzen vor allem traditionell lebende Menschen dafür Neembaumzweige. Dafür werden die dünnen Äste des Neembaums abgebrochen und ihr Ende mit einem Messer von der Rinde befreit. Das Holz wird anschließend so lange gekaut, bis es ausfranst. Als Nebeneffekt werden hierbei Stoffe freigesetzt, die antibakteriell und antiviral wirken. Darüber hinaus kräftigt man durch das Kauen auf dem Stöckchen die Kiefermuskulatur und festigt die Zahnwurzeln im Knochen. Meistens reinigt man damit auch seine Zunge.

Auch in vielen Staaten des Nahen Ostens pflückt man seine Zahnbürsten vom Baum. Hier sind es die Äste, Knospen und Wurzeln des Miswāk oder Siwāk, man nennt ihn dort auch „Zahnbürstenbaum". Er wächst vor allem in den Wüsten Arabiens, Vorderasiens und Nordafrikas. Das System ist das gleiche, nur die Inhaltsstoffe dieser Äste unterscheiden sich von den Neembaumzweigen: Hier finden wir außer antibakteriellen Substanzen auch noch natürliche Fluoride – auf diese Stoffe gehe ich später noch ein –, Calciumsulfate, die ebenfalls die Remineralisierung fördern, sowie Silizium, das gegen Verfärbungen wirkt.

Die ersten Zahnbürsten, die so ähnlich aussehen wie jene, die wir heute verwenden, wurden in China etwa um 1500 n. Chr. entwickelt. Sie hatten einen Stiel aus

Zahnbürstenbaum.

Bambus oder Knochen, daran befestigt waren Schweineborsten, die jedoch eher wie ein Pinsel angeordnet waren.

Bis ins 19. Jahrhundert hinein galt Zähneputzen als Frauensache und Männer, die sich die Zähne putzten, als dekadent. Die ersten Zahnbürsten waren allerdings zu teuer, als dass sie sich jedermann hätte leisten können. Erst 1938 wurde durch die Erfindung des Nylons eine Massenproduktion von Zahnbürsten mit Nylonborsten möglich. Nylon wurde also nicht zuerst für Nylonstrümpfe – diese folgten erst 1940 nach – sondern für Zahnbürsten verwendet. Die Borsten waren anfangs viel zu hart und wurden erst in den 1950er Jahren durch weichere ersetzt. Zunächst bestand der Griff noch aus Holz, erst später begann man damit, die Griffe aus Kunststoff anzufertigen. Bereits 1954 kam die erste elektrische Zahnbürste auf den Markt. Darüber, ob man mit der elektrischen oder mit der Handzahnbürste bessere Ergebnisse erzielt, scheiden sich die Geister. Ich empfehle jedem, dies individuell für sich und zusammen mit seinem Zahnarzt oder seiner Zahnärztin und dem gesamten Praxisteam herauszufinden. In meinen Vorträgen erwähne ich oft, dass man genauso wie man einen Friseur/eine Friseurin seines Vertrauens braucht, um nach dem Haareschneiden oder -färben nicht vor dem Spiegel zusammenzubrechen, auch einen Zahnarzt oder eine Zahnärztin braucht, mit dem oder der man gemeinsam einen Plan für das Vertreiben der „Piratenbakterien" entwirft.

Schon sehr früh im Leben lernen wir, dass wir uns zweimal am Tag die Zähne putzen sollen – morgens nach dem Frühstück und abends vor dem Schlafengehen. Trotzdem wissen viele Menschen oft nicht, wie sie es genau machen sollen. Am besten ist es, immer in der gleichen Reihenfolge zu putzen, damit man keinen Zahn auslässt. Ich empfehle die Bass-Zahnputztechnik, bei der man mit sanften Schüttelbewegungen vom Zahnfleisch zum Zahn reinigt. Natürlich müssen Zähne auch von allen Seiten geputzt werden – außen, innen und auf den Kauflächen. Wenn Sie alle Zähne haben, brauchen Sie etwa drei Minuten, um alle zu säubern.

Wenn Sie mit einer elektrischen Zahnbürste putzen, übernimmt diese die Schüttelbewegungen selbst. Alles andere müssen Sie aber immer noch selbst machen. Sie können also sowohl mit einer Handzahnbürste als auch mit einer elektrischen Zahnbürste glatte und saubere Zahnoberflächen erreichen.

Die Zahnbürste allein schafft leider noch keine vollständig bakterienfreie Zahnoberflächen; etwa ein Drittel dieser Flächen liegen in den Zahnzwischenräumen und bedürfen weiterer Hilfsmittel. Den Menschen in meiner Praxis erkläre ich es meistens so: Wenn Sie Ihre Schuhe putzen, stellen Sie sie auch nicht alle in eine Reihe und fegen mit dem Besen darüber hinweg. Wir bekommen die 20 Milch- und die in der Regel 28 bis 32 bleibenden Zähne von der Natur geschenkt. Ich finde, es lohnt sich doch wirklich, diese wunderbaren Gebilde von all ihren Seiten kennenzulernen.

Eine der Möglichkeiten des Kennenlernens ist Zahnseide. Wenn ich an Zahnseide denke, fällt mir dabei immer der Tangabikini ein, den ich mir 1988 aus Rio de Janeiro mitgebracht habe. Diese Teile heißen auf brasilianisch nämlich „fio dental", also Zahnseide. Die Zahnseide, die man für die Reinigung der Zähne verwendet, ist allerdings noch ein kleines bisschen dünner. Es gibt sie inzwischen in vielen Varianten – gewachst, ungewachst, flauschig und sogar mit Zusätzen von Fluorid oder desinfizierenden Substanzen. Wichtig ist, dass jemand einem zeigt, wie man sie anwendet. Und das ist genauso wie das Anfärben der Zähne und das Putzen üben mit der Zahnbürste ebenfalls Aufgabe des gesamten zahnärztlichen Teams. Je früher man den Umgang damit erlernt, umso besser. Denn bekanntlich macht die Übung den Meister. Sobald alle bleibenden Zähne – außer den Weisheitszähnen – in unserem Mund sind, und das ist etwa ab dem 12. Lebensjahr gegeben, können Kinder bereits damit anfangen.

Wenn Menschen noch nie ihre Zahnzwischenräume gereinigt haben, bekommen sie manchmal zuerst Angst, weil es blutet oder weh tut. Dann ist es wichtig, ihnen zu sagen, dass das nach ein paar Tagen wieder aufhört. Warum das so ist, werde ich im Kapitel über Parodontitis näher erläutern.

Die zweite Möglichkeit sind Zwischenraumbürstchen, sie heißen auch noch Interdentalbürstchen. Als ich vor 30 Jahren zu arbeiten anfing, gab es diese nur in Apotheken und sie waren ziemlich teuer. Zum Glück gibt es sie heute in jedem Drogeriemarkt und zu einem erschwinglichen Preis.

Auch hier gilt, mit professioneller Hilfe herauszufinden, welche Größe für welche Zwischenräume geeignet ist. Dabei kommt es natürlich öfters vor, dass man zwei oder auch drei verschiedene Größen braucht, um den gewünschten Erfolg zu erzielen. Und es kommt auch vor, dass man bei sehr eng oder verschachtelt stehenden Zähnen zur Zahnseide greifen muss.

Die dritte Möglichkeit sind Mundduschen und auch die gibt es selbstverständlich in unendlich vielen Ausführungen. Auch hier können wir beratend und unterstützend zur Seite stehen.

So, jetzt habe ich Ihnen das Arsenal im Kampf gegen die unerwünschten Bakterien vorgestellt. Wenn ich das alles zu Beginn den Menschen in meiner Praxis erzähle,

Ratlos im Drogeriemarkt.

hört sich das erst einmal sehr abenteuerlich an. Jeden Tag jeden seiner Zahnzwischen-räume besuchen, das klingt nach harter Arbeit und einem erheblichen Zeitaufwand. Wenn sie aber einmal damit angefangen haben, wollen sie es gar nicht mehr missen. Ich frage dann oft nach – wenn ich merke, dass es inzwischen gut funktioniert – wie hoch der zusätzliche Zeitaufwand ist. Mehr als 10 Minuten wurden bisher noch nie angegeben.

Dazu erzähle ich gerne eine Anekdote aus meiner Tätigkeit in der Diabetes-Tages-klinik: An einer der Gruppen nahm ein Ehepaar teil. In der Fragerunde erfuhr ich, dass der Ehemann vor einigen Jahren bereits in der Schulung dabei gewesen war und diese jetzt mit seiner Frau gemeinsam besuchte, bei der der Diabetes vor kurzem diagnostiziert worden war. Sie verriet uns allen dabei, dass er seine Interdentalbürst-chen selbst betrunken jeden Abend vor dem Schlafengehen benutzte und sie sich oft gewundert hatte, warum er im Bad in diesen Fällen so viel Zeit brauchte.

Ein anderer Patient gestand mir, dass er seine Interdentalbürsten morgens auf dem Weg zur Arbeit immer im Auto benutzt. Natürlich schimpfte ich mit ihm und dachte an den wunderbaren Film mit Mr. Bean, in dem er sich während der Fahrt im Rückspiegel seines Autos die Zähne putzt. Dieses Ritual, das so extrem wichtig für unsere Gesundheit ist und dabei relativ wenig Zeit kostet, sollten wir uns wirklich gönnen! Ich werde noch öfter darauf zurückkommen, aber es gibt keinen anderen Menschen, mit dem wir sicher alt werden, als mit uns selbst.

Buddha in Meditationshaltung beim Zähneputzen.

Vor einiger Zeit habe ich einen Artikel gelesen, in dem der Autor eine „Zahnputz-Meditation" beschreibt. Er empfiehlt, die Zeit des Zähneputzens zu nutzen, um die Aufmerksamkeit dankbar auf den Moment zu richten, den man gerade erlebt.

Zu guter Letzt noch zum Thema Zahnpasta – man nennt sie auch Zahncreme. Die WHO empfiehlt sechs Tuben Zahnpasta im Jahr pro Person. Ihre Hauptaufgabe ist es, die mechanische Reinigung der Zahnoberflächen zu unterstützen. Dies erreichen sie vor allem durch Putzkörper und Schaumbildner; der frische Geschmack ist ein angenehmes Beiwerk, denn die Bakterien, die wir von unseren Zähnen wegputzen, schmecken nicht besonders lecker. Es gibt auch hier unzählige Wirkstoffe, die der Zahncreme zugesetzt werden und es kommen immer noch neue Varianten auf den Markt, die mit neuen Versprechungen auftrumpfen. Wichtig ist mir in der Aufklärung der Menschen, die mich danach fragen, dass sie nur eine Unterstützung der mechanischen Reinigung darstellen. Meine Mutter sagt immer, dass sie nur deswegen so viele Putzmittel in ihrem Haus hortet, weil sie so furchtbar ungern putzt. Und Meister Proper hat leider auch noch nie bei ihr geklingelt und ihr seine Dienste angeboten.

Auf einen Wirkstoff, der so gut wie allen Zahncremes zugesetzt wird, muss ich jedoch näher eingehen, vor allem auch, weil das Thema sehr kontrovers diskutiert wird: Fluorid.

Fluor galt lange Zeit als essentielles Spurenelement, das wir Menschen zum Leben brauchen. Dies konnte allerdings in Studien nicht nachgewiesen werden. Fluoride kommen praktisch in allen Lebensmitteln und auch in unserem Trinkwasser vor. Besonders viel Fluorid enthalten Walnüsse und Fisch. Wie wir schon erfahren haben, ist natürliches Fluorid auch in den Ästen des Zahnbürstenbaums oder Miswäk enthalten.

Wie alle Substanzen ist Fluorid natürlich ab einer bestimmten Dosis giftig. Es macht mir große Freude, hier wieder Paracelsus zitieren zu dürfen: „Alle Dinge sind Gift, und nichts ist ohne Gift; allein die dosis machts, daß ein Ding kein Gift sei."

Die DGZMK, an deren Leitlinien wir Zahnärzte uns orientieren, empfiehlt die Verwendung von fluoridhaltigen Zahncremes ganz ausdrücklich, nicht mehr allerdings die zusätzliche Zufuhr von Fluorid, zum Beispiel durch Tabletten. Der Grund: Fluoride wirken in erster Linie lokal, also in direktem Kontakt mit den Zahnhartsubstanzen – das sind Schmelz und Dentin.

Wie kommt es dazu? Wir haben die sogenannte Remineralisation der Zähne im Kapitel zu unserem Speichel bereits beschrieben. Hier haben wir gelernt, dass unsere Zähne unentwegt durch den Kontakt mit unserem Speichel de- und wieder remineralisiert werden. Dafür werden Kalzium und Phosphationen je nach pH-Wert des Speichels aus dem Zahn aus- und wieder eingebaut. Greifen wenige Bakterien an, gibt es zwischen diesen beiden Vorgängen ein Gleichgewicht. Sind allerdings zu viele „Piratenbakterien" im Spiel, schaffen sie es, den harten Zahn aufzuweichen. Hier können Fluoride zum Schutz der Zähne beitragen, und zwar ganz direkt an der Zahnoberfläche und durch unterschiedliche Wirkmechanismen. Sie unterstützen nicht nur die Remineralisation mit Kalziumphosphaten, sie werden auch selbst in die Zahnsubstanz als Kalziumfluorid eingebaut und bilden zudem eine Art Schutzfilm um die Zähne.

Die Bundeszahnärztekammer (BZÄK) führt den allgemein sehr starken Rückgang der Karies auch darauf zurück, dass immer mehr Menschen fluoridhaltige Zahncremes verwenden. Solange wir die Zahnpasta also nicht verspeisen, sondern sie nach dem Zähneputzen gründlich ausspülen, können wir getrost unsere handelsüblichen Zahncremes verwenden.

In der Apotheke gibt es rezeptfrei verschiedene höher dosierte Gele und Lösungen zur lokalen Fluoridierung. Bei einem erhöhten Kariesrisiko kann der Zahnarzt oder die Zahnärztin diese Präparate verschreiben. Die Kosten dafür werden zwischen dem 6. und 18. Lebensjahr von der Krankenkasse übernommen. Selbstverständlich sollte auch hier das Verschlucken der Präparate vermieden werden.

Ich sehe diese Maßnahme aus verschiedenen Gründen als sinnvoll an, und zwar nicht nur aus meiner professionellen Haltung, sondern auch aus meiner persönlichen Geschichte und meiner Erfahrung als Mutter von zwei Kindern heraus.

Alle Füllungen, die ich heute in meinem Mund habe – ein paar davon mussten erneuert werden, es kamen aber keine neuen dazu – habe ich vor meinem 18. Lebensjahr erworben. Und es gibt einen einfachen Grund dafür: Kein Kind kann seine Zähne von sich aus so gut putzen, dass es Karies vermeiden kann. Wenn ich also Menschen mit kariesfreien Zähnen untersuche, sage ich ihnen immer, dass sie ihren Eltern dafür ein großes Lob aussprechen sollen. Wie schwierig es allerdings ist, sich bei den eigenen Kindern um die Mundhygiene zu kümmern, habe ich erst als Mutter erfahren. Bei meiner Tochter war es eine zeitlang ein so erbitterter Kampf, dass ich beschloss, mit ihr zu einer Kollegin zur Untersuchung zu gehen. Ich erinnere mich an eine Phase, in der unsere beiden Kinder einen Lieblingsspruch hatten: „Mama, ich muss nichts außer sterben". Kommt das jemandem bekannt vor? Wie groß ist die Freude, wenn allmorgendlich und -abendlich feierlich deklariert wird: „Kinder, wir ‚müssen' Zähne putzen!"?

Fast noch schwieriger wird es allerdings nach dem zwölften Lebensjahr. Ab diesem Alter wird so gut wie niemand – und das ist sicher auch gut so – seinem Kind die Zähne putzen dürfen. Dabei ist es jetzt gerade besonders wichtig: Wir haben zu diesem Zeitpunkt in der Regel alle unsere Zähne, mit denen wir gerne alt werden wollen. Neue Garnituren, wie sie bei den Haifischen vorkommen, warten leider nicht im Knochen darauf, bei Bedarf hervorgeholt zu werden.

Ich erinnere mich an den Vortrag eines Professors für Zahnerhaltung an der Charité in Berlin, dessen Namen ich leider nicht behalten habe. Er erzählte uns von seinen Erfahrungen mit seinem 16-jährigen Sohn, der so ein Zahnputzmuffel war, dass er ihn eine zeitlang ein Mal im Monat in die Zahnklinik bestellte, um das Zähneputzen zu üben. Eines Tages war es soweit: Er hatte den Dreh heraus und der stolze Vater verkündete vor aller Welt, dass seine und die Motivationsmaßnahmen seines Teams erfolgreich funktioniert hatten. Da er jedoch aufgrund seiner Position wenig Zeit zu Hause verbrachte, erfuhr er ein kleines Detail mit etwas Verzögerung: Sein Sohn hatte sich zum Zeitpunkt des Motivationserfolgs bis über beide Ohren verliebt. Der junge Mann hatte sich Rechenschaft gegeben, dass gründliches Zähneputzen einen schönen Nebeneffekt hat, den das gesamte zahnärztliche Personal nicht bedacht hatte: mit sauberen Zähnen lässt es sich einfach besser küssen!

Jetzt, da Sie also Experten in der Technik des Zähneputzens sind, widmen wir uns einem ganz anderen Thema: unserer Ernährung.

2.2.5 Rund um die Ernährung

Dass alles, was wir essen, einen bedeutsamen Einfluss auf unsere Gesundheit hat, ist allzu offensichtlich. Mit jedem Essen führen wir unserem Körper schließlich Bausteine zu, die er in unsere Zellen einbaut. Wir erneuern uns also fortlaufend selbst – einige Zellen, wie zum Beispiel die des Dünndarms und der Magenschleimhaut innerhalb weniger Tage, andere, wie die roten Blutkörperchen, innerhalb von 4 Monaten; unser Skelett ist in etwa zehn Jahren wieder neu.

Je mehr wir darauf achten, was wir durch unseren Mund in unseren Körper einführen, umso größer die Chancen, unsere Gesundheit aufrechtzuerhalten oder sogar wiederzugewinnen.

Dieses Buch soll jedoch kein weiterer Ernährungsratgeber sein, wie es sie inzwischen wie Sand am Meer gibt. Zum einen, weil es für diesen Bereich viel erfahrenere und kompetentere Fachleute gibt. Wie in allen Bereichen der Naturwissenschaften verändert sich zudem das Verständnis davon, was hierbei gesund und was weniger gesund ist, kontinuierlich. Aktuell ist das in noch größerem Umfang der Fall, da mit der Erforschung des menschlichen Mikrobioms fast täglich neue Erkenntnisse hinzukommen. Während man nämlich früher nur darüber nachdachte, welche Nahrung für unsere menschlichen Zellen förderlich ist, weiß man inzwischen, dass wir nicht nur uns, sondern einen unglaublich artenreichen, faszinierenden Zoo füttern. Den

Kindern in meiner Praxis erkläre ich oft, dass sie beim Essen nicht nur an sich, sondern auch an all die vielen Haustiere in ihnen denken und ihnen ab und zu eine Möhre servieren sollten.

Zum anderen, weil wir – so sehr wir es uns auch wünschen würden – nicht aus Vernunft essen. Auf dieses Thema bin ich bereits im Kapitel über unsere Zunge und unseren Geschmack eingegangen. Nicht umsonst beschäftigen sich so viele Menschen mit der Bewertung von Restaurants, mit Kochbüchern, Kochkursen und sogar Filmen dazu. Man spricht daher auch von „Kochkunst" oder „Esskultur". Wir sind alle in gewissem Sinne „Feinschmecker" und Essen ist für alle Menschen der Welt eine Quelle der Lust und der Freude. Es gibt wenig Schöneres, als im Kreise von geliebten Menschen gemeinsam am Tisch zu sitzen, zu speisen und dazu ein Glas köstlichen Wein zu trinken. Essen ist auch immer mit Emotionen und Erinnerungen verbunden. Ich erinnere hier wieder an die berühmte Proust'sche Madeleine.

Andererseits wissen wir aber auch, dass wir auf dem Weg zu immer schneller verfügbaren und in kurzer Zeit zuzubereitenden Speisen unserer Nahrung viele gesunde Nährstoffe entzogen haben. Es gibt eine wunderbare Komödie mit Louis de Funès aus dem Jahre 1976, in der die Industrialisierung unserer Nahrung in sehr humorvoller Weise thematisiert wird. Ich erinnere mich an eine Szene, in der der Restaurantkritiker Duchemin, gespielt von Louis de Funès, in die Fabrik des Industrie-Tycoons Tricatel einbricht. Dort beobachtet er, wie ein Hühnchen industriell geformt und so lebensecht bemalt wird, dass einem bei seinem Anblick das Wasser im Mund zusammenläuft. Leider war dies nur eine allzu realistische Vorahnung: heute wird zum Beispiel Thunfisch mit roter Farbe angemalt, damit er möglichst lange frisch aussieht.

Mein Sohn hat einmal, als er etwa drei Jahre alt war, ein Wochenende mit seinen Großeltern verbracht. Ich fragte ihn beim Heimkommen unter anderem, ob Oma und Opa für ihn gut gekocht haben. Darauf antwortete er: „Oma und Opa haben nicht gekocht, sie haben nur Bilder warm gemacht." Wenn wir also später einmal eine Pizza oder einen Flammkuchen in den Ofen geschoben haben, hieß es bei uns immer: „Heute gibt es Bilderessen."

Trotzdem möchte ich hier auf ein paar wenige Aspekte mundgesunder Ernährung eingehen. Grundsätzlich gilt: Was für unseren Körper gesund ist, ist es für unseren Mund in der Regel auch. Das sind zum Beispiel Vollkornprodukte, Gemüse, Obst, Salat, Nüsse oder Milchprodukte. Süße Speisen und Getränke sollten wir so gut wie möglich vermeiden. Es spricht allerdings nichts gegen ein köstliches Dessert als Krönung eines schönen Essens. Für die Zähne gefährlich ist eher das regelmäßige Naschen oder Trinken zuckerhaltiger Getränke zwischendurch.

Das Thema Zucker wird aktuell sehr intensiv diskutiert. Der erhöhte Zuckerkonsum führt weltweit dazu, dass immer mehr Menschen an Übergewicht, Fettleibigkeit, Diabetes und Karies leiden. Die WHO rät den Regierungen, zuckerhaltige Getränke mit einer mindestens 20-prozentigen Sondersteuer zu belegen.

Krankenkassen-Fachleute und die Nicht-Regierungs-Organisation Foodwatch werben hierzulande für die Einführung einer Zuckersteuer und bekommen dafür Unter-

Flamencotänzerin.

stützung von Mitgliedern des Bundestages. Die Zuckersteuer gibt es bereits in einigen Ländern wie Großbritannien, Norwegen oder Mexiko, dort sind die Absatzzahlen für die gesüßten Getränke bereits zurückgegangen. Dies hat bekanntlich auch mit der Tabaksteuer und der Steuer auf alkoholische Getränke funktioniert. Im Vereinigten Königreich beispielsweise sank der durchschnittliche Zuckergehalt von Erfrischungsgetränken zwischen 2015 und 2018 von 4,4 auf 2,9 Gramm pro 100 Milliliter, wie eine Studie der Universität Oxford im vorletzten Jahr ergab. Das entspricht einer Zuckerreduktion von 30 Prozent pro Kopf und Tag. Die Verkaufszahlen von stark gesüßten Getränken hatten sich in diesem Zeitraum sogar halbiert. Ich hoffe, dass dies auch andere Länder ermutigen wird, eine Zuckersteuer einzuführen.

Besonders gesund für die Zähne ist das herzhafte Kauen von rohen Karotten, Paprika oder Kohlrabi. Diese Gemüsesorten können Sie praktisch als Zahnbürsten benutzen. Sie enthalten nämlich besonders wenig Säure und haben durch ihre Konsistenz die Fähigkeit, Plaque direkt zu beseitigen. Außerdem kurbelt das intensive Kauen den Speichelfluss an und dieser besondere Saft kann ja bekanntlich unsere Zahnsubstanz remineralisieren.

Wichtig für die Gesundheit unserer Zähne, aber auch unserer Knochen, ist Kalzium. Schließlich ist es ein wichtiger Baustein dafür. Achten wir also darauf, ausreichend Kalzium zu uns zu nehmen, helfen wir unseren Zähnen, aber auch unseren Knochen, hart und stabil zu bleiben.

Es gibt einen weiteren Aspekt beim Essen, den ich nicht unerwähnt lassen möchte: das kräftige Kauen. Jeder kennt dieses wunderbare Geräusch, wenn man in eine Möhre oder einen Cracker hineinbeißt. Dieses Geräusch macht solche Lust auf Essen, dass man es oft in der Kino- oder Fernsehwerbung verwendet. Kräftiges Kauen stärkt nämlich unseren Zahnhalteapparat, also die Verankerung unserer Zähne im Knochen. Die Mediziner benutzen gerne den Spruch „Use it or lose it" (Benutz es oder verlier es). Man verwendet ihn zum Beispiel bezogen auf das Gehirn, wenn es um die Vorbeugung von Demenz geht. Auch in der Osteoporosevorbeugung gilt: Je mehr wir uns bewegen, umso kräftiger bleiben unsere Knochen. Irgendwo habe ich einmal gelesen, dass Flamencotänzerinnen – natürlich nur, solange sie tanzen – keine Osteoporose bekommen. Ich habe dazu keine Literaturstelle mehr finden können, verwende es aber gerne als Beispiel einfach in meiner Vorstellung: Ich stelle mir eine schöne und nicht mehr ganz junge Flamencotänzerin vor, wie sie auf einem Holzboden, in einem roten Kleid mit weißen Punkten, mit ihren typischen Flamencoschuhen, auf diese wunderbare Musik und begleitet vom Klatschen der Zuschauer, kräftig und geräuschvoll aufstampft.

So wollen unsere Zähne – ich habe sie ja an anderer Stelle bereits als Mitglieder eines Tanzensembles beschrieben – auch richtig gefordert werden. Man geht sogar davon aus, dass sich bei Menschen, die bereits in der Kindheit härtere Nahrung kauen, der Kiefer stärker entwickelt, so dass beispielsweise mehr Platz für die Zähne bereitet wird und Weisheitszähne nicht entfernt werden müssen. Die Funde von Steinzeitmenschen sollen diese Tatsache untermauern. Die Evidenz dafür ist allerdings schwer zu erbringen, da es heutzutage nur noch sehr wenige Menschen gibt, die sich so urtümlich ernähren. Dies könnte sich allerdings verändern: Es gibt den neuen Trend der sogenannten „Paleoernährung" oder „Steinzeiternährung". Durch eine solche Ernährung verspricht man sich für den zivilisiert-modernen Menschen einen besseren Schutz vor den Zivilisationskrankheiten, das sind unter anderem Karies, Herz- und Gefäßkrankheiten, Bluthochdruck, Diabetes und Übergewicht.

Hier ist sie also schon wieder: die ganz besondere Diät, die alles verspricht und alle unsere Krankheiten heilt. Ich empfehle da vor allem eines: Genießen Sie die Speisen, die Sie zu sich nehmen voll und ganz. Schenken Sie ihrem Geschmack und ihrer Konsistenz Ihre volle Aufmerksamkeit und fühlen Sie später liebevoll nach, ob sie Ihnen gutgetan haben. Dies soll, wie bereits ausgemacht, nämlich kein neuer Ernährungsratgeber werden.

Wenn Sie dieses Buch bis hierhin gelesen haben, werden Sie den Eindruck gewonnen haben, dass ich mit den Menschen in meiner Praxis nur erzähle. Es ging bisher nur ein Mal darum, die Zähne mit Spiegel, Sonde und Licht zu untersuchen. Nach Arbeit hört sich das eigentlich nicht an, oder? Im nächsten Kapitel geht es jetzt endlich darum, welchen Beitrag wir als Behandelnde im Kampf gegen Karies leisten. Zugegebenermaßen ist er – rein vom Zeitaufwand her gesehen – im Vergleich zu jenem, den Sie selbst leisten, verschwindend gering.

2.2.6 Der (kleine) Beitrag des Zahnarztes/der Zahnärztin im Kampf gegen Karies

Das Wichtigste an diesem Beitrag ist auch wieder die Vorbeugung, man nennt es auch so schön Prophylaxe. Diesen Aspekt liebe ich zugegebenermaßen ganz besonders an meinem Beruf. Zum Glück setzt er sich nach und nach auch in anderen Zweigen der

Piratenbakterien
in einer Zahnfissur.

Medizin durch. Ich bin nämlich ganz besonders glücklich darüber, dass die meisten Menschen, die tagtäglich in meine Praxis kommen, relativ gesund sind. Und sie kommen in meine Praxis, um gesund zu bleiben.

Dass wir bei allen Kindern zwischen 6 und 18 Jahren Detektiv spielen, Zähne anfärben und putzen üben, habe ich bereits erwähnt. Für die Praxis gibt es außerdem fluoridhaltige Lacke, die bei Initialkaries auf die Zähne aufgetragen werden können und – wie die zu Hause anzuwendenden Gele und Lösungen – zur Remineralisation der Zähne beitragen. Zum Abschluss jeder professionellen Zahnreinigung beim Zahnarzt gehört ebenfalls eine Fluoridierung – das fluoridhaltige Gel wird zum Schluss auf die Zähne aufgetragen und nach 10 Minuten Einwirkzeit wieder ausgespült. Was genau bei einer professionellen Zahnreinigung stattfindet, darauf gehe ich im Kapitel zum Kampf gegen Parodontitis näher ein.

An den Oberflächen unserer wunderbaren Zähne gibt es außer glatten Flächen auch ein paar rauere Stellen, das sind sogenannte Fissuren und Grübchen. Die Fissuren sind jene Stellen, an denen sich die Höcker – bildlich gesagt die „Berge" – der Zähne in ihren „Tälern" treffen. Grübchen findet man an den Innenseiten mancher Frontzähne und oberen Molaren. Diese Vertiefungen sind manchmal sehr ausgeprägt (bis zu 1 mm tief) und sehr schmal (bis zu 50 Mikrometer) – sie ähneln dann eher

Schluchten. Diese Täler und Schluchten sind wunderbare Verstecke für Piratenbakterien und sind mit der Zahnbürste nicht so leicht zu erreichen.

Um deren „Höhlenbau" an diesen Stellen zu verhindern, führt man eine sogenannte „Fissurenversiegelung" durch. Dafür werden die Fissuren und Grübchen möglichst kurz nach dem Durchbrechen der Zähne mit einem dünnflüssigen Material benetzt – dieses wird anschließend mit Licht gehärtet –, so dass die gefährlichen Mikroorganismen daran gehindert werden, sich hier festzusetzen. Die Fissurenversiegelung wird vorzugsweise an den bleibenden Molaren eingesetzt – diese haben in der Regel tiefere Fissuren und Grübchen – und das auch vor allem bei Kindern mit einem erhöhten Kariesrisiko.

Gemäß der letzten Deutschen Mundgesundheitsstudie (DMS V) weisen etwa 70 Prozent der 12-Jährigen in Deutschland Fissurenversiegelungen auf und Kinder ohne diese haben eine dreifach höhere Karieserfahrung.

Selbstverständlich schützt diese Maßnahme nur die versiegelten Stellen vor Karies, alle anderen Flächen müssen nach wie vor so gründlich wie möglich geputzt werden. Und die Versiegelungen sollten – zumindest bis zum achtzehnten Lebensjahr – auch halbjährlich vom Zahnarzt/von der Zahnärztin kontrolliert werden

Karies ist ein großes Problem der öffentlichen Gesundheit und die am weitesten verbreitete nicht übertragbare Krankheit weltweit. Sie ist auch die am weitesten verbreitete Krankheit, die in der Global Burden of Diseases Study 2015 erfasst wurde. Karies der bleibenden Zähne steht an erster Stelle, die der Milchzähne an zwölfter.

Beim Großteil aller Menschen kommt es trotz all der Möglichkeiten der Vorbeugung zu Karies. Wir nähern uns also dem Ende der Piratengeschichte – dem Säubern und Zubetonieren der Höhle.

Wenn ich jetzt ausführlich auf alles eingehen würde, was in den Zahnarztpraxen aller Welt zur Behandlung von Karies stattfindet, würde ich viele, viele Seiten füllen müssen. Deshalb versuche ich, es Ihnen möglichst einfach zu beschreiben. Der kariöse Defekt – man nennt es auch die kariöse Läsion – wird gründlich gesäubert und anschließend mit einer Füllung versehen, die den Zahn möglichst vollständig in seiner Struktur, Form und Funktion wiederherstellt.

Das kleine Beiwörtchen „möglichst" ist dabei sehr wichtig. Wie wir bei der Beschreibung unserer Zähne bereits gesehen haben, gibt es keine Substanz der Welt, die so genial für die Erfüllung der Aufgaben eines Zahnes geeignet ist wie die Zahnhartsubstanz. Alle Materialien, die verwendet werden können, stellen einen Kompromiss dar. Wie ich es aber auch bereits erwähnt habe, erwartet man von einem künstlichen Hüft- oder Kniegelenk auch nicht, dass es die Funktion des natürlichen Gelenks vollständig wiederherstellt.

Wichtig bei der Rekonstruktion des Zahnes – so nennt man seine Wiederherstellung in der Fachsprache – sind mehrere Faktoren. Zum einen sollte die Füllung dicht abschließen, so dass keine neuen Mikroben an dieser Stelle eindringen können. Sie sollte auch nicht abstehen und so glatt poliert sein wie möglich, so dass sich möglichst wenig Bakterien insgesamt an ihrer Oberfläche anheften können. Und schließlich

Brombeerstrauch mit Zähnen.

sollte sie so perfekt wie möglich zu den Nachbarzähnen und zu den Zähnen der gegenüberliegenden Zahnreihe passen. Wir haben im Kapitel über unsere Zähne gelernt, wie wichtig dies für das Zusammenspiel von Muskeln und Kiefergelenken ist. Hier spielen bereits 10 Mikrometer eine Rolle. Diesem Thema werden wir uns im Kapitel über die Harmonie in unserem Mund noch einmal widmen.

Mit dem Erlernen der Techniken, wie man solche möglichst perfekten Zahnrekonstruktionen herstellt, verbringen wir Studenten der Zahnmedizin und später Zahnärzte und Zahnärztinnen sehr viel Zeit und Mühe. Man kann sie zum einen direkt im Mund herstellen. Hier gilt es, sich mit der Zunge, den Lippen, dem Speichelfluss – die Zahnsubstanz muss nämlich perfekt trocken sein, damit die Füllung auch fest daran haften kann – und noch vielem mehr auseinanderzusetzen. Je näher man sich hier an dem Vorbild der Natur orientiert, umso besser wird das Ergebnis.

Dazu fällt mir eine Geschichte aus meinem Studium ein. Im allerersten Semester mussten wir aus Wachs – seine Farbe war dunkelblau, das werde ich sicher nie vergessen – einen Backenzahn modellieren. Als ich schließlich fertig damit war und ihn ganz stolz dem Assistenten zeigte, um das Testat dafür zu bekommen, betrachtete dieser ihn von allen Seiten sehr genau und schlussfolgerte: Das hier sieht aber eher wie eine Brombeere aus.

Zum anderen kann die Rekonstruktion auch indirekt, also in einem Labor oder in einem Fräsgerät in der Praxis hergestellt werden. Dafür wird von dem entsprechend vorbereiteten Zahndefekt – man nennt das eine Präparation – ein Abdruck genommen. Dieser kann mit einer speziellen Abformmasse – man könnte sagen „analog" – oder auch digital erfolgen. Geht dieser Abdruck in ein zahntechnisches Labor, gilt es wie bei jeder fachübergreifenden Zusammenarbeit auch hier: Wichtig ist gute, transparente Kommunikation und eine gut etablierte positive Fehlerkultur.

Auf weitere zahnärztliche Behandlungen gehe ich später noch ein, hier wollen wir uns aber erst einmal einem Phänomen widmen, das unser Körper im Kampf gegen Bakterien vielerorts einsetzt: die Entzündung.

2.2.7 Die Pulpitis, ihre Folgen und wie man sie behandelt

Wenn der kariöse Defekt so weit in die Tiefe vorgedrungen ist, dass er die Pulpa – den „Nerv" – erreicht, treten Schmerzen auf. Man spricht von einer Pulpitis, also einer Entzündung der Pulpa. Die kleine Endung „itis" – das werden wir auch noch später bei der Parodontitis sehen – wird dabei der griechischen Bezeichnung der betroffenen anatomischen Struktur angehängt, um eine Entzündung zu benennen. Vor kurzem habe ich einen Artikel zur „Aufschieberitis" gelesen – das hat mich zum Schmunzeln gebracht. Mit Entzündung hat diese „Krankheit" dann doch nicht so viel zu tun.

Was passiert in unserem Körper eigentlich bei einer Entzündung? Wir haben schon darüber gesprochen, dass in und auf unserem Organismus ständig Krieg geführt wird. Sekunde für Sekunde wehren wir uns gegen unerwünschte Eindringlinge. Eine Entzündung ist sozusagen eine Truppenmobilisation von Kämpfern gegen den Feind.

Es gibt einen wunderbaren Film mit dem Titel „Kommunikation der Zellen – Die entzündliche Reaktion". Hier geht es zwar um Gingivitis und Parodontitis – also um die Entzündung von Zahnfleisch und Zahnhalteapparat – aber eine Vorstellung davon, was hier alles auf zellulärer Ebene passiert, gibt dieser 15-minütige Film sehr eindrücklich wieder. Mit Hilfe einer 3D-Bildertechnik auf der Basis tausender Einzelbilder veranschaulicht er die Entstehung und den Verlauf dieser Entzündung. Die „Schauspieler" sind die angreifenden Bakterien und unsere menschlichen Zellen. Als Nebendarsteller treten die Substanzen auf, die die Kommunikation zwischen den einzelnen Zellen ermöglichen.

Aber kommen wir zur Pulpitis zurück. Diese wird nicht ausschließlich durch Karies verursacht – auch ein Zahntrauma kann unter anderem dazu führen. Darauf werde ich später noch eingehen.

In den häufigsten Fällen geht eine Pulpitis jedoch auf Bakterien zurück, man nennt sie dann infektiöse Pulpitis. Dazu kommt es, wenn die Kariesbakterien bei einer nicht rechtzeitig behandelten Karies die Pulpa erreichen. Mit ihren Toxinen – das sind Gifte, die von den Bakterien gebildet werden – greifen sie nun das Zahnmark an. Unser Körper wehrt sich natürlich – es kommt zu einer Entzündung.

Die Nachricht vom Angriff der Bakterien wird über Botenstoffe des Immunsystems weitergegeben und die erste Antwort darauf ist eine Erweiterung der Blutgefäße. Das Entzündungsgebiet wird jetzt allerdings nicht nur stärker durchblutet, die Blutgefäße werden auch noch durchlässiger für den Austritt von Blutplasma und von Immunzellen, die aus dem Blut ins Gewebe übertreten. Im Inneren des Zahnmarks führt diese Erweiterung der Blutgefäße zu einer Erhöhung des Drucks in der Pulpenhöhle (dem sogenannten Pulpenkavum). Da der Druck nicht entweichen kann, fühlt sich der Zahn erst einmal druckempfindlich an, der Zahnarzt oder die Zahnärztin kann zur Diagnostik der Pulpitis darauf klopfen, wodurch ein Schmerz ausgelöst wird. Als ich einmal bei einem Mann in meiner Praxis die Zähne abklopfte, äußerte er humorvoll: „Ich würde jetzt ‚Herein!' sagen, aber Sie sind ja schon drin."

In einer frühen Phase ist die Pulpitis nur auf einen begrenzten Bereich beschränkt und dadurch reversibel. Man kann sie also durch die Beseitigung der schädigenden Kariesbakterien und eine einfache Füllung rückgängig machen und den Zahn vital – das heißt lebendig – erhalten.

In einer späteren Phase ist sie allerdings irreversibel. Wartet man nämlich weiter, können die Schmerzen so stark werden, dass man schier die Wände hochgehen möchte. Erträgt man diese Phase jetzt immer noch oder bekämpft man die Schmerzen mit Tabletten, kann das Gewebe innerhalb der Pulpa und den Wurzelkanälen sogar absterben, man spricht dann von einer Gangrän des Zahnes. Beim Zerfall des Pulpengewebes werden Ammoniak, Kohlendioxyd und Schwefelwasserstoff freigesetzt, die nicht entweichen können. Diese Gase brauchen viel Platz, es baut sich ein zum Teil extremer Druck auf diesen Zahn auf. Öffnet man ihn, entweicht daraus ein wirklich fürchterlicher Geruch. Diesen Geruch kenne ich leider nur allzu gut und ich setze zur Diagnostik der Gangrän selbstverständlich auch meine Nase ein.

Auch diese Symptome kann ein Mensch mit großer Zahnarztangst noch ignorieren oder mit Schmerzmitteln und eventuell sogar Antibiotika bekämpfen. Dann kann es, wenn der sich jetzt bildende Eiter – er besteht vor allem aus weißen Blutkörperchen und zerfallenem Gewebe – nicht entweichen kann, zu einer „dicken Backe" kommen. In der Fachsprache nennt man das einen Abszess und er kann in manchen Fällen sogar zu einer Sepsis führen. Eine Sepsis oder Blutvergiftung ist ein ernster, lebensbedrohlicher Zustand, bei dem die körpereigenen Abwehrreaktionen, die eigentlich bei der Bekämpfung der Infektion helfen sollten, die eigenen Gewebe und Organe schädigen. Jetzt kann nur noch der Notarzt helfen und das sollte so schnell wie möglich erfolgen.

In den meisten Fällen enden diese akuten Phasen jedoch – zum Glück, kann man sagen – in einer chronischen Entzündung, man nennt es eine apikale Parodontitis, weil sie sich an der Spitze einer Zahnwurzel oder mehrerer entwickelt und hier im Bereich des apikalen (das heißt wurzelständigen) Gewebes ausbreitet. In dieser Phase hat man keine Schmerzen an diesem Zahn, das Gleiche gilt übrigens auch für die chronische Parodontitis. Man entdeckt es entweder nur auf der Röntgenaufnahme oder aber, wenn die chronische Entzündung bei einer vielleicht etwas geschwächten Abwehrlage in einen akuten Zustand übergeht.
Relativ selten baut unser Körper von dieser Wurzelspitze aus eine Art Tunnel durch den Knochen, man nennt es eine Fistel. Durch diesen Tunnel können die Entzündungssekrete und abgestorbenen Abwehrzellen nach außen in die Mundhöhle entweichen.

Bei all diesen Erkrankungen des Zahnes, die ich nach der reversiblen Pulpitis beschrieben habe, kann er nur noch durch eine Wurzelbehandlung erhalten werden.

Wie bei der Füllungstherapie investieren wir Zahnärzte und Zahnärztinnen viel Zeit und Mühe, um diese Technik immer weiter zu perfektionieren. Das Prinzip ist im Grunde genommen das gleiche: die Pulpa und die Wurzelkanäle, wie wir sie vom Aufbau des Zahnes schon kennengelernt haben, werden gründlich gesäubert, desinfiziert und schließlich wieder dicht gefüllt. Dies ist zugegebenermaßen allerdings noch deutlich schwieriger als das bei einer Füllung der Fall ist.

Zum einen gleicht das Wurzelkanalsystem wie bereits beschrieben eher einem Labyrinth als einer regelmäßig geformten Höhle. Alle Ausstülpungen, Lakunen, Seitenkanäle und Verzweigungen möglichst zu entdecken und zu reinigen, ist da nicht

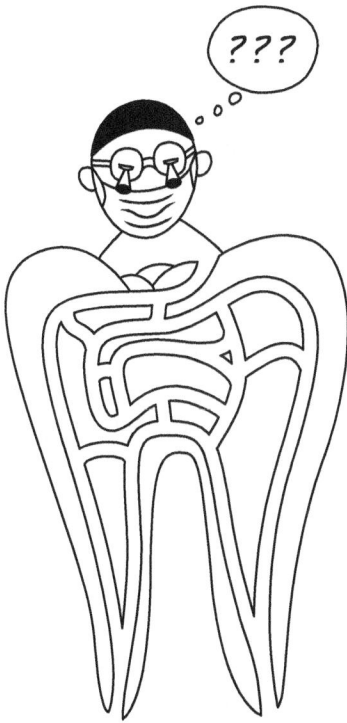

Ein Zahnarzt schaut mit seiner Lupenbrille
in ein „Wurzelkanallabyrinth", wie man
es aus Rätselheftchen kennt.

immer einfach. Hier kann man zum Beispiel im Internet wunderschöne 3D-Bilder von diesen Wurzelkanallabyrinthen in unseren Zähnen betrachten.

Zum Entdecken und Reinigen verwendet man Wurzelkanalinstrumente, lange dünne Nadeln mit unterschiedlich geformten schneidenden Reliefs und unterschiedlichen Durchmessern.

Zum anderen ist es nicht ganz einfach, dieses System mit Spüllösungen so gründlich zu säubern und zu desinfizieren, dass sich die übriggebliebenen Bakterien nicht wieder vermehren können.

Ist dieses labyrinthische Kanalsystem schließlich gründlich desinfiziert und getrocknet, dichtet man es mit einem Wurzelkanalfüller ab. Wichtig ist, dass anschließend die Eingänge zu dieser Wurzelkanalfüllung auch ihrerseits bakteriendicht mit einem Füllungsmaterial verschlossen werden, da sonst auch hier wieder klitzekleine Bakterien eindringen können. Wie wir wissen, sind sie in unser Mundhöhle überall und warten nur darauf, irgendwo eine kleine undichte Stelle zu finden.

Die Erfolgsrate von Wurzelbehandlungen liegt in kontrollierten Studien bei etwas über 90 Prozent, so dass eine Zahnerhaltung mit dieser Methode mehr als Sinn macht. Wichtig ist, dass dieser Erfolg auch durch regelmäßige Röntgenkontrollen überprüft wird. Denn nicht nur Undichtigkeiten in der abschließenden Füllung, sondern auch solche in der Wurzelfüllung selbst können zu einer erneuten Vermehrung von Mikroben im Kanalsystem führen. Die Folge ist wie oben schon beschrieben eine chronische apikale Parodontitis, die man selbst oft nicht bemerkt und die von der Wurzelspitze aus einen Eintritt von Bakterien in unseren Blutkreislauf ermöglicht. Auf die Auswirkungen solcher chronischen Entzündungen werde ich im Kapitel zu den Zusammenhängen mit der Allgemeingesundheit noch näher eingehen.

Nun sind Sie also auch schon ein Profi beim Thema Wurzelbehandlung. Alle diese Behandlungen können heutzutage übrigens weitestgehend schmerzfrei durch Lokalanästhesie erfolgen. Das Wissen darüber, was hier gemacht wird, kann Ihnen, lieber Leser, vielleicht noch zusätzlich den Schrecken vor diesem Eingriff nehmen, denn auch dazu kursieren unzählige (Familien-)Geschichten.

Manche Zähne sind schließlich durch die Kariesbakterien – und manchmal auch durch ein Zahntrauma – so zerstört, dass zahnerhaltende Maßnahmen nicht mehr ausreichen. Hier wird leider Zahnersatz notwendig. Zu allen Möglichkeiten, die es dazu gibt, könnte ich wieder viele Buchseiten füllen. Aber einen kleinen Überblick dazu versuche ich Ihnen jetzt doch zu geben.

2.2.8 Rund um den Zahnersatz

Bereits eine Krone ist eine Form von Zahnersatz. Es gibt einen kleinen Witz dazu: „Mein Zahnarzt sagt, ich bräuchte eine Krone. Endlich jemand, der mich versteht!"

Ist an einem unserer wunderbaren Zähne bereits so viel Zahnsubstanz verlorengegangen, dass diese durch eine Füllung nicht mehr wiederherzustellen ist, wird dieser Zahn erst einmal mit Füllungsmaterial schön aufgebaut und anschließend so viel rundherum weggenommen, dass eine Krone darüber passt. Diesen Aufbau nennt man Kronenstumpf und davon wird wiederum eine entweder analoge oder digitale Abformung gemacht, die an ein praxiseigenes Fräsgerät oder in ein zahntechnisches Labor geschickt wird. Die Krone muss selbstverständlich wieder möglichst genau dem natürlichen Zahn und seiner Funktion angepasst werden. Man setzt sie schließlich mit einem sogenannten Zement auf den trockenen und gesäuberten Stumpf auf.

Ist der Grad der Zerstörung zu groß, kann ein Zahn allerdings manchmal nicht mehr erhalten werden. Die gute Nachricht: die Anzahl der jährlich gezogenen Zähne geht hierzulande kontinuierlich zurück. Trotzdem war gemäß der fünften Deutschen Mundgesundheitsstudie (DMS V) 2014 jeder achte 65- bis 74-Jährige völlig zahnlos, 1997 waren es allerdings noch doppelt so viele, da war noch jeder vierte in diesem Alter ohne Zähne.

Natürlich muss nicht jeder verlorene Zahn auch ersetzt werden. Strenggenommen verhungert auch ein völlig zahnloser Mensch nicht, der keinen Zahnersatz trägt. Aber selbstverständlich sind Zähne nicht nur ein wichtiger Beitrag zu einer guten Lebensqualität, sie sind auch ein Statussymbol und tragen maßgeblich zur Schönheit eines Gesichtes bei.

An einem oder gar mehreren erkrankten Zähnen verzweifelt festzuhalten, ist allerdings keine gute Idee. Wie sich erkrankte Zähne nämlich auf unsere Allgemeingesundheit auswirken, das verrate ich Ihnen im weiteren Verlauf dieses Buches. Vorerst wollen wir uns all den vielfältigen und in der heutigen Zeit zum Glück immer weiter perfektionierten Möglichkeiten des Ersatzes natürlicher Zähne widmen.

Ich kann es nicht verhindern, an dieser Stelle noch einmal zu wiederholen: Es gibt nichts, was unsere wunderbaren Zähne gleichwertig ersetzt. Früher ließen manche Werbeprospekte die Menschen glauben, dass vollkeramische (oftmals viel zu weiße) Kronen – man nannte sie Jacketkronen – die besseren Zähne seien, heute gilt dies gelegentlich für Implantate.

Trotzdem können wir nur dankbar sein, dass es Implantate gibt und ihre Anwendung immer weiter perfektioniert wird. Das bisher älteste Zahnimplantat stammt aus dem 3. Jahrhundert vor Christus. Zur Zeit der Kelten lebte eine Frau, bei der an der Stelle des linken mittleren Schneidezahns ein Metallstift im Knochen steckte. Als sie starb, war sie zwischen 20 und 30 Jahre alt, alle anderen Zähne waren noch intakt. Bei einer Frau, die im 7. Jahrhundert n. Chr. in der Zeit der Hochkultur der Maya etwa zwanzigjährig verstorben war, fand man drei zahnähnlich geformte Muscheln, die dem Ersatz von drei unteren Frontzähnen dienten. Diese Muschelteile waren vollständig mit ihrem Kieferknochen verwachsen.

Heutzutage werden Implantate aus Titan oder – seltener – aus Keramik oder Kunststoff hergestellt. Dabei wird eine Schraube nach einer Vorbohrung in den Kieferknochen eingedreht. Durch einen sehr komplexen Vorgang, den man in der Implantologie Osseointegration nennt, bildet sich um die Schraubenwindungen herum neue Knochensubstanz, die diese künstliche Wurzel im Kiefer festhält. Dieser Vorgang dauert etwa 6 bis 12 Wochen. Danach kann das Implantat belastet werden.

Wird der Knochen nun um diese neue – zugegebenermaßen etwas kostspieligere – Zahnwurzel durch eine harmonisch zu der gegenüberliegenden Zahnreihe gestaltete Krone zum kräftigen Kauen benutzt, bleibt der Knochen hier erhalten. Wir erinnern uns: „Use it or lose it" und an unsere schöne Flamencotänzerin.

Diese neue Zahnwurzel und die darauf verschraubte oder zementierte Krone können den natürlichen Zahn also ziemlich eindrucksvoll ersetzen. Und haben zudem einen kleinen Vorteil: darin können die Piratenbakterien keine Höhlen mehr bauen, das schaffen selbst die aggressivsten unter ihnen nicht. Allerdings können sie sehr wohl eine Parodontitis entwickeln – man nennt es in diesem Fall Periimplantitis. Darauf werde ich später noch näher eingehen. Das Fehlen der bindegewebigen Fasern, der sogenannten Sharpey'schen Fasern, wie wir sie aus der Beschreibung des Zahnes kennen, wirkt sich außerdem auf die mechanische Sensitivität beim Aufbeißen auf Implantatkronen aus. Auch für den Zahnhalteapparat gilt also wie für die Zahnhartsubstanz: Unsere natürlichen Zähne sind durch nichts gleichwertig zu ersetzen.

Will man den verlorenen Zahn nun mit einem Implantat ersetzen, macht es Sinn, dies so früh wie möglich nach dessen Verlust zu tun. Man kann es sogar in der gleichen Behandlungssitzung nach der Entfernung eines Zahnes machen, das nennt man dann Sofortimplantation. Dies ist allerdings nicht immer möglich, sei es wegen der Wurzelform, der Anzahl der Wurzeln (es kommen vor allem einwurzelige Zähne in Frage), sei es wegen der zu ausgedehnten Entzündung der Zahnwurzel, oder auch weil man den zerstörten Zahn nicht schonend genug aus dem Knochen entfernen kann.

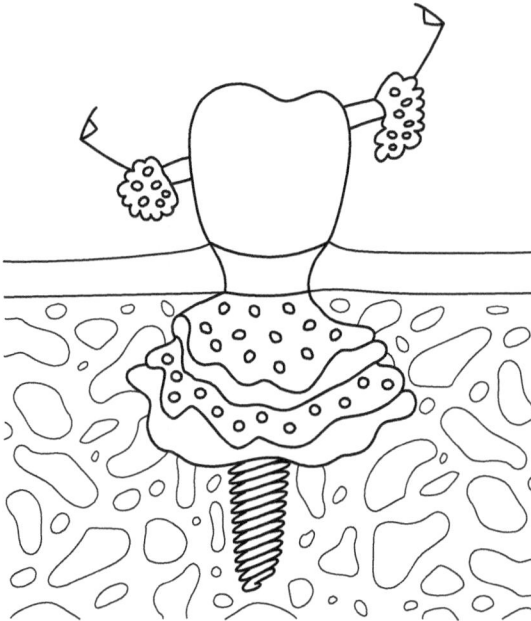

Als Flamencotänzerin bekleidete
Implantatkrone.

In den meisten Fällen wird der Zahn erst entfernt und man wartet die Wundheilung ab. Diese ist in der Regel nach 6 bis 8 Wochen abgeschlossen. Auch in dieser Zeit geht bereits Knochensubstanz verloren. Je länger man wartet, umso mehr ist dies allerdings der Fall – auch wieder nach dem „Use it or lose it"-Prinzip. Diesen Knochen muss man später oftmals erst wieder aufwendig aufbauen, bevor man ein Implantat darin verankern kann. Dazu stehen uns inzwischen allerdings vielfältige Möglichkeiten zur Verfügung, die jeder individuell mit seinem Implantologen/seiner Implantologin besprechen kann.

Bei Verlust eines oder mehrerer Zähne sind auch festsitzende oder herausnehmbare Brücken eine Möglichkeit des Zahnersatzes. Dafür müssen allerdings natürliche Zähne überkront werden, die sonst von ihrer Zahnhartsubstanz her vielleicht nicht unbedingt eine Krone erhalten hätten. Es gibt Verankerungen von herausnehmbarem Zahnersatz mit Klammern, Geschieben, Riegeln, Teleskopkronen und noch einigem mehr. Und schließlich die Vollprothese, mit der viele Menschen mitunter problemlos alles kauen können, worauf sie gerade Lust haben. Meine Oma, die ja mehr Lebensjahre ohne natürliche Zähne als mit ihnen verbracht hat, hat von ihrer Prothese immer mit Bewunderung gesprochen und jenem Techniker, der sie ihr angefertigt hatte, lebenslänglich gedankt.

Jeder Zahnbefund eines Menschen kann also mit vielfältigen Möglichkeiten von Zahnersatz versorgt werden – oder er kann einfach auch so belassen werden. Die Bandbreite ist riesig.

Wie bei dem Thema Zahnarztangst ist die zahnärztliche Beratung hierzu eine Vertrauenssache. Umso mehr erstaunen mich deshalb die sogenannten „Auktionsportale" für Zahnersatz, die man im Internet aufrufen kann. Man braucht als Ansprechpartner einfach einen Menschen, der den Zahnersatz empfiehlt, der für einen selbst die bestmögliche und zugleich bezahlbare Lösung darstellt und der bereit ist, einem alles dazu möglichst genau und anschaulich zu erklären.

Vieles was wir an dieser Stelle über den Kampf gegen Karies beschrieben haben, wird auch im Kampf gegen Parodontitis Anwendung finden. Was eine Parodontitis ist und was wir Zahnärzte und Zahnärztinnen gemeinsam mit den Menschen, die zu uns kommen, Tag für Tag unternehmen, um sie zu verhindern oder zu behandeln, erfahren Sie im Folgenden.

2.3 Der Kampf gegen Parodontitis

Wenn man von Parodontitis spricht, meint man eigentlich die marginale Parodontitis, also die Entzündung des Zahnhalteapparats (Parodontiums), im Unterschied zu der apikalen Parodontitis, über die wir im vorherigen Kapitel gesprochen haben. Früher – und den Begriff verwendet man immer noch – nannte man diese Erkrankung Parodontose, was den Verfall des Parodontiums beschreibt. Die bakterielle Beteiligung und die entzündliche Komponente wurden – wie bei der Karies – erst später entdeckt, deswegen bekam der Begriff also die Endung -itis.

Da diese Erkrankung – glücklicherweise – nicht bei Kindern auftritt, habe ich dazu keine passende Piratengeschichte. Trotzdem geht es hier auch um feindliche Bakterien, die unseren Körper angreifen. Schon wieder geht es um Krieg, der tagtäglich gegen Millionen von Mikroorganismen geführt wird.

2.3.1 Entstehung der marginalen Parodontitis

An dieser Stelle kommt wieder der orale Biofilm ins Spiel, die Plaque. Vielleicht erinnern Sie sich noch an die „Bakterienstädte" mit ihren Millionen Einwohnern, ihren unterirdischen Kanälen und ihrer Kommunikation untereinander und mit unseren menschlichen Zellen.

Der Übergang zwischen dem Hartgewebe des Zahnes und seinem Weichgewebe, also dem Parodontium, ist ein für Bakterien idealer Ort. Die oberste Zellschicht unseres Haut- und Schleimhautgewebes nennt man Epithel. Hier, am Parodontium, liegt die einzige Stelle unseres Körpers, an der dieses Epithel durchbrochen ist. Sonst ist dies nur der Fall, wenn wir uns verletzen.

Diese Stelle ist nicht immer optimal mit der Zahnbürste erreichbar – besonders im Bereich der Zahnzwischenräume. Sehr gut kann man das durch das bereits beschriebene Anfärben der Zähne veranschaulichen: Obwohl manch einer der Meinung ist, seine Zähne davor sehr gründlich gereinigt zu haben, erscheinen diese Bereiche tiefblau oder zumindest rosa.

Es kommt noch ein weiterer Faktor hinzu, den wir beim Thema Speichel kurz angesprochen haben: Bleibt diese bakterielle Plaque über einige Zeit hier liegen, können die Proteine unseres Speichels, die das Ausfallen des für die Remineralisation unserer Zähne so wichtigen Kalziums und Phosphats hemmen, an dieser Stelle nicht mehr wirksam werden. Dadurch entsteht Zahnstein. An den Rauigkeiten dieses Zahnsteins können sich nun weitere Bakterienstämme ansiedeln.

Bleibt es bei diesen Bakterien bei der normalen Mundflora, bedeutet er für uns noch keine Gefahr. Der Biofilm wächst dabei zwar in die Dicke, wird irgendwann jedoch durch die Zunge, den Speichel und – eventuell auch – die Zahnbürste abgetragen.

Gefährlich wird es erst, wenn sich das Keimspektrum hier verändert. Dies geschieht nicht plötzlich. Zuerst siedeln sich sogenannte Brückenkeime an, die den aggressiven Keimen den Weg ebnen. Durch ihren Stoffwechsel schaffen sie den Parodontitiserregern sozusagen eine ökologische Nische. Die eigentlichen Parodontalpathogene sind nämlich strikt anaerobe Keime, das heißt, für sie ist Sauerstoff toxisch. Hier erfahren wir wieder, wie effizient die Kommunikation zwischen den einzelnen Bakterienpopulationen funktioniert und wie gefährlich sie das macht.

Natürlich wehrt sich unser Körper wieder – mit einer Entzündung. Wenn ich das den Menschen in meiner Praxis beschreibe, denke ich häufig an den bereits erwähnten Film „Kommunikation der Zellen – Die entzündliche Reaktion". Und ganz oft muss ich auch daran denken, dass unser wunderbarer Körper dies Sekunde für Sekunde an vielen Stellen unermüdlich für uns leistet.

Schon wieder haben wir also Krieg. Die gefährlichen Bakterien und ihre Stoffwechselprodukte dringen in das Weichgewebe um den Zahn, in den Gingivalsaum, ein. Die Nachricht vom Angriff der feindlichen Truppen wird wieder durch Botenstoffe des Immunsystems weitergegeben. Wieder werden die Blutgefäße weiter, dadurch kommt es zu einer Schwellung und Rötung des Gewebes. Der Abbau von Kollagen führt zudem zu einer Auflockerung der Gewebestruktur, daher kann es hier bei Berührung auch bluten. Man selbst merkt es aber meist nicht, weil man diese Stellen in der Regel ja gerade nicht reinigt.

Zur Erweiterung der Blutgefäße kommt erneut eine Erhöhung ihrer Durchlässigkeit hinzu. So können Abwehrzellen in das Saumepithel (das Gewebe des Gingivalsaums) eindringen, das sind zum Beispiel Makrophagen, sogenannte „Riesenfresszellen", die die feindlichen Bakterien einfach verspeisen können.

Auch neutrophile Granulozyten gehören wie die Makrophagen zur sogenannten unspezifischen Immunabwehr und sind in der Lage, Bakterien, Viren und Pilze auf unterschiedliche Weise zu zerstören. Einige von ihnen fressen und verdauen sie, wie es auch die Makrophagen tun. Außerdem enthalten sie verschiedene Stoffe wie freie Radikale, Wasserstoffperoxid und Stickstoffmonoxid, die sie abtöten können. Schließlich können neutrophile Granulozyten sogenannte „neutrophile extrazelluläre Fallen" (NET oder „neutrophil extracellular traps") bilden. Diese netzartigen Strukturen aus Chromatin können bestimmte Mikroorganismen einfangen und sie so unschädlich machen.

Makrophage („Riesenfresszelle") verspeist ein Bakterium in der parodontalen Tasche.

Mit etwas Verzögerung kommt auch die sogenannte spezifische Immunabwehr auf den Plan. Die B- und T-Lymphozyten unseres Abwehrsystems erkennen bestimmte Antigene an der Oberfläche der Mikroorganismen und können sie so gezielt bekämpfen.

Bleibt diese Entzündung auf das Zahnfleisch, also die Gingiva, beschränkt, spricht man von einer Gingivitis.

Diese ist reversibel. Intensiviert man jetzt die Mundhygiene und reinigt all diese entzündeten Stellen so gründlich wie möglich, geht die Entzündung spontan zurück. Dabei erkläre ich den Menschen in meiner Praxis wieder und wieder, dass sie vor dem Bluten und den gelegentlichen Schmerzen an diesen Stellen nicht nur keine Angst haben, sondern ganz im Gegenteil viel intensiver putzen sollten. Hätten sie nämlich irgendwo an ihrem Bein oder ihrem Arm eine Stelle, die bei einer so leichten Berührung mit einer Bürste spontan blutet, hätten sie längst einen Arzt aufgesucht, eine Wundsalbe aufgetragen oder einen Verband angelegt.

Mit dieser Intensivierung des Putzens muss man allerdings auch etwas Geduld haben – eine solche Entzündung braucht zu ihrer Ausheilung etwa drei bis vier Tage. Danach ist jedoch alles wieder gut, man darf die veränderte Putzgewohnheit auch ruhig beibehalten. Und das notwendige Arsenal zur Bakterienbekämpfung haben wir ja bereits im Kapitel zum Zähneputzen kennengelernt.

Wann genau und wieso die Entzündung anfängt, in den Knochenstoffwechsel einzugreifen, wird immer noch untersucht. Gesichert ist inzwischen, dass hier viele Faktoren zusammenspielen, das Geschehen ist also multifaktoriell. Das kennen wir auch bei vielen anderen Erkrankungen unseres Körpers. Es gibt hierbei genetische Faktoren und einen davon kann man sogar bestimmen. Etwa ein Drittel der europäischen Bevölkerung ist Träger eines Gens, das eine überschießende Produktion des Entzündungsmediators Interleukin-1 bewirkt. Die Menschen dieses sogenannten positiven IL-1-Genotyps reagieren auf den Angriff der Bakterien mit einer überschießenden Entzündungsreaktion. Da sich die Kenntnis darüber allerdings nicht direkt auf die Behandlung der Parodontitis auswirkt, hat der IL-1-Gentest inzwischen an Bedeutung verloren.

Weitere Faktoren wie Stress, Rauchen und zahlreiche Allgemeinerkrankungen wie Diabetes, Immunerkrankungen und andere spielen ebenfalls eine Rolle. Auf diese Zusammenhänge gehe ich später noch näher ein.

Kommen wir wieder zu unseren parodontalen Taschen zurück. Ein Mann in meiner Praxis nannte sie einmal liebevoll „meine Maultaschen". Wir haben also unsere Zahnfleischentzündung, aber die Verbindung zwischen Knochen und Zahn ist intakt. Wie man das diagnostisch mit einer einfachen Sonde feststellt, darauf gehe ich später noch ein. Knochenaufbau und -abbau findet fortlaufend statt, auch am Übergang zwischen Zahn und Knochen. Für den Aufbau sind die sogenannten Osteoblasten, für den Abbau die Osteoklasten zuständig. Normalerweise haben wir ein Gleichgewicht zwischen Aufbau und Abbau. Bei einer Parodontitis kommt es jedoch zu einer Verschiebung dieses Gleichgewichts in Richtung Knochenabbau.

Den Menschen in meiner Praxis erkläre ich es so: Ihr Körper leidet unter der ständigen Belastung durch die chronische Entzündung in Ihrem Mund. In dem Versuch, die Entzündungsquelle – den Zahn – loszuwerden, zieht er sich zurück. Eine andere Lösung steht ihm nicht zur Verfügung. Dass das allerdings eine ganze Weile dauert und in dieser Zeit ständig Bakterien in unseren Blutkreislauf eindringen können, ist eine weitere Tatsache. Die Wurzeln unserer Zähne sind nämlich im Durchschnitt etwa 12 mm lang und es braucht einige Jahre bis Jahrzehnte Parodontitis, bis sie einfach ausfallen. Dass das geschieht, habe ich in meiner Praxis gar nicht so selten erlebt. Menschen, die das erste Mal seit vielen Jahren nur deshalb wieder zum Zahnarzt gehen, weil ihnen ein vollständiger Zahn samt Wurzel herausgefallen ist. Wir erinnern uns: Es tut in der Regel nicht weh, es ist eine chronische Entzündung.

Unser Knochen zieht sich also auf der Flucht vor den Angreifern zurück. Dadurch vertieft sich die parodontale Tasche immer mehr. In ihrer Tiefe haben die gefährlichen Bakterien immer bessere Bedingungen zum Überleben: das anaerobe Milieu und kaum Angriffe durch Zahnbürsten und ähnliche antibakterielle Waffen.

Je nachdem, wie tief die parodontalen Taschen sind, spricht man von einer moderaten oder einer schweren Parodontitis. Auf die Bedeutung der Taschenmessung komme ich später noch zurück.

Zum Abschluss möchte ich noch auf einen sehr wichtigen Aspekt der Parodontitis eingehen. Im Gegensatz zur apikalen Parodontitis, die an einer oder an mehreren Wurzeln eines Zahnes lokalisiert ist, betrifft die marginale Parodontitis alle Parodontien in einem Mund. Das Ungleichgewicht zwischen den parodontal pathogenen und den Schutzspezies unserer Mundhöhle führt zu einer folgenschweren Veränderung unseres oralen Mikrobioms.

Zählt man nun alle entzündlich veränderten Flächen im Mund eines voll bezahnten Patienten mit einer Parodontitis zusammen, ergibt sich eine Wunde, die etwa die

Ein Mann betrachtet zusammen
mit seinem Zahnarzt eine handtellergroße
Wunde auf seiner Hand.

Größe einer Handfläche hat. Eine Wunde, die viele unter uns oft unbemerkt mit sich herumtragen. Eine Wunde, über die unentwegt Bakterien in unsere Blutbahn eindringen können.

2.3.2 Die Volkskrankheit Parodontitis

Es gibt wenig genaue Daten zur Häufigkeit von Parodontalerkrankungen. Weltweit geht man von einer Prävalenz (Häufigkeit) von 20 bis 50 (!) Prozent aus. Das liegt sicherlich zum einen daran, dass wie bereits beschrieben viele Menschen nicht regelmäßig zum Zahnarzt gehen, sei es aus Angst oder aus vielen anderen Gründen mehr. Zum anderen ist die Bedeutung dieser Erkrankung erst nach und nach in den Fokus der Wissenschaftler gerückt.

Lange Zeit galt sie als eine Erkrankung der Zähne, die unbehandelt zu Zahnverlust führt. Und ohne Zähne kann man bekanntlich auch gut überleben. Erst nach und nach und durch immer mehr Studien belegt erkennen wir, dass diese bis zu handtellergroße Wunde in unserem ganzen Körper großen Schaden anrichten kann. Doch dazu später.

Unsere letzte und fünfte Deutsche Mundgesundheitsstudie hat jedoch ein paar Zahlen zur parodontalen Gesundheit der Menschen in unserem Land. Demnach weist jeder zweite Erwachsene zwischen 35 und 44 Jahren eine Parodontitis auf, bei den jüngeren Senioren (65-bis 74-Jährigen) sind es knapp 65 Prozent. Bei den älteren Senioren nimmt die Häufigkeit weiter zu, wobei bei ihnen parallel dazu die Zahl der Zähne abnimmt. Trotzdem werden immer mehr ältere Menschen mit ihren eigenen Zähnen alt, da diese durch den Kariesrückgang seltener entfernt werden.

Das Bewusstsein dafür, dass sich die parodontale Gesundheit auf die Gesundheit unseres ganzen Körpers auswirkt, wird in der Öffentlichkeit auch durch Informations-

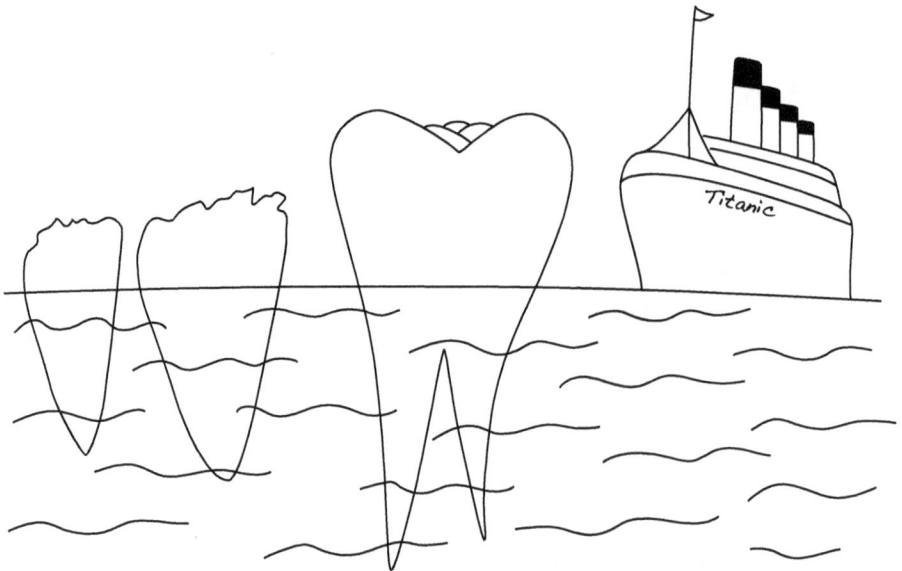

Polarmeer mit Eisbergen, Zahn als Eisberg und Titanic.

kampagnen unterstützt. Ich erinnere mich zum Beispiel an ein wunderbares Aktionsplakat der DGParo (Deutsche Gesellschaft für Parodontologie) zum Europäischen Tag der Parodontologie 2017, auf dem sie die Menschen dazu aufrief, schon früh auf versteckte Warnsignale einer Parodontitis zu achten. Auf dem Plakat war ein im Polarmeer schwimmender Zahn abgebildet, wie bei den dahinterliegenden Eisbergen sah man davon nur die Krone, die deutlich längere Wurzel lag unterhalb der Wasseroberfläche. Das Plakat war überschrieben mit: „Ihr Lächeln ist nur die Spitze des Eisbergs." Und wie gefährlich Eisberge sein können, weiß man schon seit dem Untergang der Titanic.

2.3.3 Wie erkennt und wie behandelt man Parodontitis?

Widmen wir uns jetzt konkret jenen Menschen, die mit einer Parodontitis in die Praxis kommen. Bisher habe ich nur ausgeführt, wie diese entsteht und dass viele Menschen dieser Erde davon betroffen sind.

Damit es nicht so abstrakt bleibt, möchte ich Ihnen nun alle Schritte der Erkennung und Behandlung dieser Erkrankung am Fall einer ganz konkreten Frau in meiner Praxis beschreiben, die wir in unserem Buch willkommen heißen wollen. Was ich hier mit ihr als Beispiel beschreibe, ist für mich zahnärztlicher Alltag.

Frau A. ist 33 Jahre alt und neu in unsere Gegend gezogen. Sie musste sich erst einmal in ihrem beruflichen und sozialen Umfeld einfinden und hat die Suche nach einem Zahnarzt/einer Zahnärztin vorerst vor sich hergeschoben. Plötzliche Zahn-

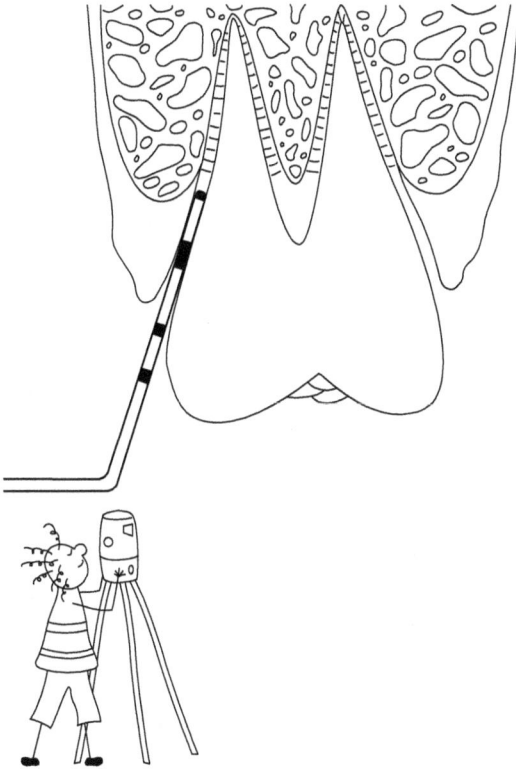

Vermessung der parodontalen Tasche
mit einer WHO-Sonde.

schmerzen sind eines Tages der Anlass dafür, in meiner Praxis anzurufen und notfallmäßig vorstellig zu werden. Nachdem wir den Anamnesebogen durchgegangen sind, in dem allgemeine Angaben zu Frau A., durchgemachte Erkrankungen und Medikamente, die sie regelmäßig einnimmt, sowie Allergien verzeichnet sind, widmen wir uns dem schmerzenden Zahn. Eine Wurzelbehandlung wird eingeleitet, darin sind Sie, lieber Leser, ja bereits ein Experte. Nachdem die akuten Schmerzen gebannt sind, folgt eine gründliche Untersuchung des neuen Menschen in meiner Praxis, vor allem jedoch seiner Mundhöhle. Ich mache mich mit allem darin vertraut: den Zähnen, aber auch dem Zahnfleisch, den Schleimhäuten, der Zunge und den Lippen. Einer der wichtigsten Bestandteile dieser gründlichen Untersuchung ist der sogenannte Parodontale Screening Index (PSI).

Der PSI wurde 1992 in den USA von zwei zahnärztlichen Fachgesellschaften entwickelt. Hierzulande ist seine Erhebung seit 2004 eine Kassenleistung. Sie dient der Früherkennung parodontaler Erkrankungen und kann im Rahmen der zahnärztlichen Untersuchung alle zwei Jahre bestimmt werden. Seit Juli 2021 bekommt jeder, der diese Messung in einer Zahnarztpraxis erhält, einen schriftlichen Befund dazu mit nach Hause.

Sowohl in meinen Vorträgen als auch in der Beratung der Menschen in meiner Praxis spielt der PSI eine große Rolle. Auch hier in diesem Buch möchte ich näher darauf eingehen, weil er in der Kommunikation mit ärztlichen Kollegen und auch zum Verständnis der eigenen parodontalen Gesundheit von großer Bedeutung ist.

Seine Erhebung ist nicht aufwendig, weitestgehend schmerzfrei und dauert nur ein paar Minuten. Man braucht dazu einen zahnärztlichen Spiegel, eine Lichtquelle und die sogenannte WHO-Sonde (Sonde der World Health Organization). Diese Sonde hat eine spezielle Längenmarkierung und ein stumpfes Ende in Form einer winzigen Halbkugel, die das Zahnfleisch nicht nur beim Einbringen schützt, sondern dem Behandelnden auch hilft, Rauigkeiten entlang des Zahnes zu ertasten.

Diese Sonde wird ganz behutsam am Zahn entlang in die Zahnfleischtasche eingebracht und tastend um den Zahn herum geführt. Währenddessen wird nicht nur die Tiefe der Tasche gemessen, sondern auch noch die Neigung zur Blutung und die Auflagerungen an der Zahnoberfläche untersucht. Der unterste Abschnitt der Sonde ist 3,5 mm lang, es folgen 5,5, 8,5 und 11,5 Millimeter.

Die möglichen Befunde faßt man zu Codewerten zusammen, die man in einem Schema verzeichnet. Es gibt fünf verschiedene Codes. Code 0 bedeutet gesundes Zahnfleisch, alles gut.

Code 1 bedeutet eine Blutung bei der Berührung mit der Sonde, hier findet eine Entzündung statt, die Zahnoberfläche ist dabei glatt. Code 2 bedeutet, dass man am Zahn entlang Rauigkeiten tasten kann, entweder durch Zahnstein oder auch durch überstehende Füllungs- oder Kronenränder. Diese ersten drei Befunde haben eines gemeinsam: die WHO-Sonde dringt nicht weiter als bis zur ersten Markierung ein, die Taschen sind also unter 3,5 Millimeter tief. Bei Code 3 misst man Taschentiefen von 3,5 bis 5,5 Millimetern, bei Code 4 sind es über 5,5 Millimeter.

Zur Erhebung des PSI teilt man jeden Kiefer in drei Abschnitte ein: in je zwei Seitenzahnbereiche (rechts/links) und ein Frontzahngebiet. Dadurch ergeben sich sechs Abschnitte, die man Sextanten nennt. Für jeden Sextanten wird jeweils der schlechteste Codewert, den man erhoben hat, eingetragen.

Bei Frau A. sieht dieses Schema so aus:

PSI von Frau A.

Bevor wir uns Frau A. weiter widmen, gehe ich kurz darauf ein, welche therapeutischen Konsequenzen sich aus den möglichen Befunden ergeben.

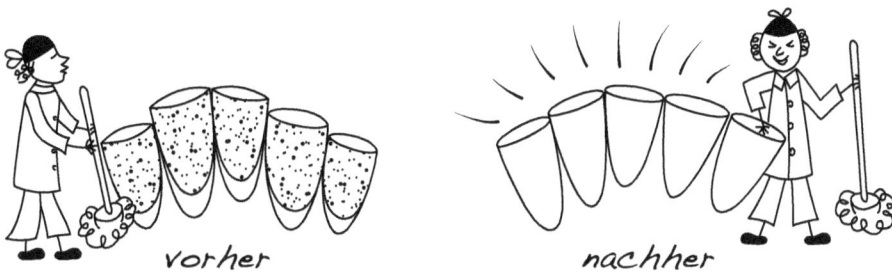

Zähne vor und nach einer professionellen Zahnreinigung.

Bei Code 0 ist unser Zahnhalteapparat gesund und außer einer regelmäßigen Kontrolle – ein Mal jährlich sollte es auf jeden Fall sein – gibt es keinen Handlungsbedarf. Bei Code 1 liegt eine Gingivitis vor, die mit entsprechender Veränderung der Putztechnik, wie wir es bereits gelernt haben, vollständig ausheilen kann. Ob es dazu gekommen ist, wird selbstverständlich kontrolliert und gegebenenfalls durch erneute Motivation nachgebessert. Bei Code 2 erfolgt eine professionelle Zahnreinigung (PZR); was hier genau gemacht wird, darauf gehe ich gleich noch näher ein. Bei Code 3 besteht der Verdacht auf eine leichte bis mittelschwere, bei Code 4 auf eine mittelschwere bis schwere Parodontitis.

Der PSI-Code von Frau A. erzählt uns also nichts Gutes. Für sie ist die Diagnose einer fortgeschrittenen Parodontitis erst einmal ein Schock. Ich sage zum Trost oft, dass jede Enttäuschung zugleich auch das Ende einer Täuschung ist.

Jetzt erst, da wir die Diagnose kennen, können wir handeln.

Dass die handtellergroße Wunde in ihrem Mund einer Behandlung bedarf, sieht Frau A. sehr schnell ein. Sie vereinbart daher die Behandlungstermine.

Als meine Tochter etwa fünf Jahre alt war, sagte sie einmal: „Mama, Du bist eigentlich eine Zahnputzfrau". Und darin musste ich ihr vollkommen Recht geben. Der erste Schritt in der Behandlung der Parodontitis ist nämlich das Säubern sämtlicher Zahn-und Wurzeloberflächen von allen harten und weichen Auflagerungen. Und zwar mit unerbittlicher Gründlichkeit. Ich erinnere mich an eine solche erste Zahnreinigung bei einem Mann, der sich mit einer sehr schweren Parodontitis vorstellte. Nachdem alles gesäubert und poliert war, äußerte er: „Da, wo Sie gerade waren, war vor Ihnen keiner."

Diese Behandlung nennt man professionelle Zahnreinigung.

Sie wird von dazu besonders ausgebildeten zahnärztlichen Praxismitarbeitern oder -mitarbeiterinnen oder vom Zahnarzt oder der Zahnärztin selbst durchgeführt. Die Reinigung erfolgt mit Handinstrumenten (sogenannten Scalern), Schleifpapierstreifen, Bürstchen, Zahnseide und Ultraschallinstrumenten. Sollten noch Verfärbungen verbleiben, können diese mit einem Pulverstrahlgerät entfernt werden. Schließlich werden die Zähne mit rotierenden Gummikelchen oder Bürstchen unter Verwendung von sogenannten Prophylaxepasten poliert. Diese enthalten kleine Schleif-

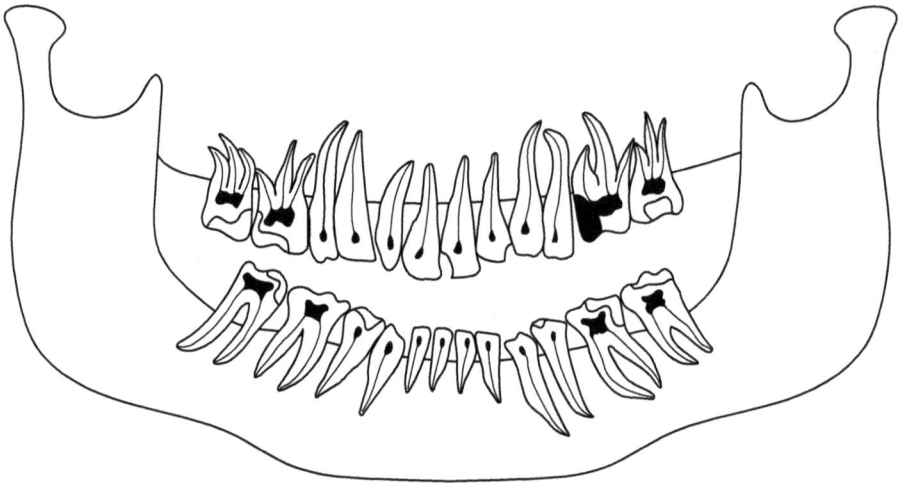

Panoramaschichtaufnahme von Frau A.

körper in unterschiedlicher Körnung und werden stufenweise – von grob bis immer feiner werdend – eingesetzt. Jeder, der schon einmal eine Holzoberfläche mit Schleifpapier bearbeitet hat, kennt dieses Prinzip. Zum Abschluss erfolgt noch die Fluoridierung der Zahnoberflächen mit Hilfe von Gelen oder Lacken, wie wir sie schon kennengelernt haben.

Da glänzen und blitzen sie also wieder, die Zähne von Frau A. Damit sie jetzt auch so bleiben, zeigen wir ihr all jene Hilfsmittel, die wir schon im Kapitel „Rund ums Zähneputzen" beschrieben haben. Wie gut das funktioniert hat, wird selbstverständlich kontrolliert, gegebenenfalls muss nachgebessert werden.

Zur Diagnostik der Parodontitis setzt man auch Röntgenaufnahmen ein. Hierzu verwendet man vor allem die sogenannte PSA (Panoramaschichtaufnahme), man nennt es auch OPG (Orthopantomogramm). Dabei werden sämtliche Zähne, die angrenzenden Kieferbereiche, die Kiefergelenke und die Kieferhöhlen abgebildet. Auch apikale Parodontitiden können auf diesen Aufnahmen entdeckt werden und sie werden daher auch zur Fokussuche verwendet. Unter einem Fokus versteht man alle lokalen Veränderungen im Organismus, die über ihre nächste Umgebung hinaus pathologische (also krankmachende) Fernwirkungen auslösen können. Auch eine marginale Parodontitis stellt demnach einen Fokus dar.

Auf diesen Aufnahmen kann man den durch die chronische Parodontitis ausgelösten Knochenabbau sehr gut erkennen. Die Zähne, die vormals mit ihren ganzen Wurzeln im Knochen verankert waren, stecken nur noch zum Teil darin. Die gute Nachricht: Schon ein Drittel Knochenangebot reicht aus, um bei gesunden parodontalen Verhältnissen die Zähne noch über Jahrzehnte zu erhalten. Bei Frau A. sind diese Voraussetzungen glücklicherweise gegeben.

An dieser Stelle möchte ich kurz auf ein Thema eingehen, das den Erfolg jeder ärztlichen Behandlung entscheidend beeinflußt: die Adhärenz.

In der Medizin sprach man früher von „Compliance", dieser Begriff ist inzwischen von dem der „Adhärenz" abgelöst worden. Als adhärent gilt ein Mensch, wenn er sich an bestimmte, mit seinem Arzt, Zahnarzt oder Therapeuten abgesprochene Verhaltensregeln hält, die dafür sorgen sollen, dass ein Therapieziel erreicht wird. Die traurige Nachricht: Bei vielen Erkrankungen erreichen nur 50 Prozent der Patienten/Patientinnen und der Klienten/Klientinnen eine gute Adhärenz. Der Misserfolg ist allerdings keineswegs nur bei ihnen selbst zu finden, sondern auch im Vertrauensverhältnis zwischen Arzt und Patient sowie in den Erfahrungen, die sie in der Vergangenheit mit Ärzten/Ärztinnen gemacht haben.

Mit diesen Themen beschäftigt sich die sogenannte Adhärenzforschung, zu der ich wiederum viele Seiten füllen könnte. Wichtig ist, dass die Mediziner sich langsam bewusst werden, dass die ganze evidenzbasierte Medizin schnell an ihre Grenzen stößt, wenn zum Beispiel nur die Hälfte der Menschen, denen so aufwendig auf Wirkungen und Nebenwirkungen getestete Medikamente verschrieben werden, diese auch einnehmen.

Konkret erwähne ich oft einen älteren Herrn in meiner Praxis, bei dem unsere Motivationsbemühungen jahrelang gescheitert waren. Erst als er auf unsere wunderbare neue Auszubildende traf, die sich mit ihm in seiner Muttersprache unterhalten konnte, konnten wir seine Parodontitis behandeln.

Bei Frau A. klappt das mit der Adhärenz sehr gut. Sie hat sogar die Anzahl der Zigaretten, die sie täglich raucht, reduziert. Dies ist bei weitem nicht immer der Fall. Je mehr man allerdings den Menschen als Partner in die Vorbeugung oder Behandlung einer Erkrankung einbezieht, umso größer die Chance auf Erfolg. Oft erinnere ich die Menschen daran, dass es nur eine Person gibt, mit der sie ganz sicher alt werden: sie selbst. Und Paracelsus, der uns wie immer begleitet, sagt dazu: „Der Arzt verbindet Deine Wunden. Dein innerer Arzt aber wird Dich gesunden. Bitte ihn darum, sooft Du kannst."

Im Parodontalstatus oder dem PAR-Behandlungsplan werden neben anamnestischen Angaben zu Frau A. die parodontalen Taschen an sechs Stellen an jedem Zahn gemessen. Die Messung erfolgt mit der sogenannten Parodontalsonde oder dem Parodontometer. Diese Sonde ist mit einer Längenmarkierung in Millimetern versehen, die Werte werden in das Zahnschema des Parodontalstatus eingetragen.

Aufgenommen werden darüber hinaus Zahnlockerungen und vom Knochenabbau betroffene Verzweigungen von Zahnwurzeln, sogenannte Furkationsbeteiligungen.

Der ausgefüllte PAR-Behandlungsplan von Frau A. wird zur Genehmigung an ihre Krankenkasse geschickt, danach kann mit der Behandlung begonnen werden.

Vorerst wird grundsätzlich eine geschlossene Parodontalbehandlung durchgeführt, in der Fachsprache spricht man von „Scaling and Root Planning" (SRP). Der Eingriff erfolgt unter Lokalanästhesie, meistens in zwei zeitlich nah aufeinanderfolgenden Sitzungen oder an einem einzigen Termin. Dabei werden sämtliche harten Beläge von den Wurzeloberflächen (die sogenannten Konkremente) entfernt und gleichzeitig die parodontal-pathogenen Keime von Wurzeln, Zahnfleischtaschen und

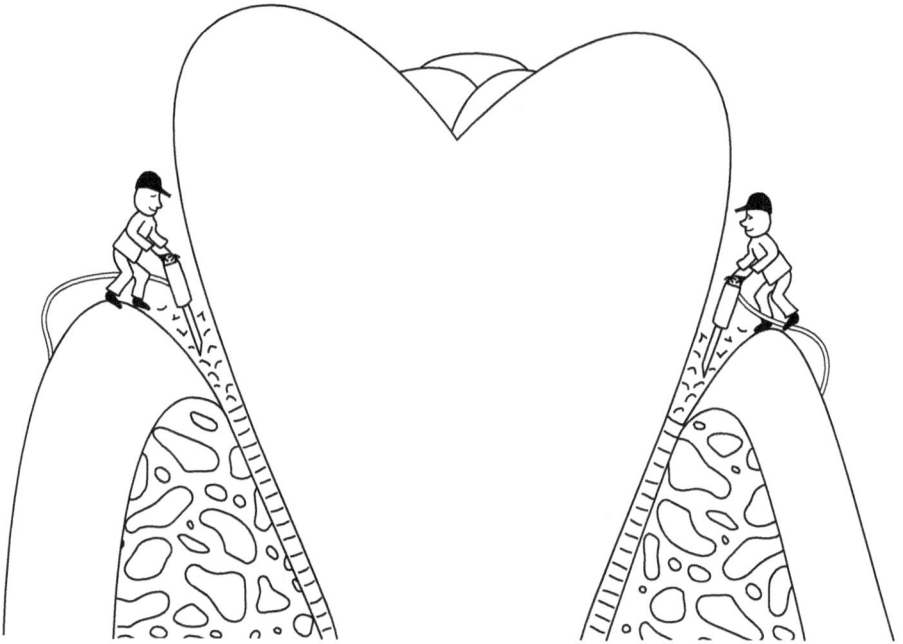

Straßenbauarbeiter mit Schlagbohrern bei der Arbeit in der parodontalen Tasche.

angrenzenden Geweben auf ein Minimum reduziert. Ich erkläre es den Menschen in meiner Praxis so: Wir vertreiben gemeinsam die „bösen" Keime und schaffen anschließend schöne, glatte Wurzeloberflächen, die zur Wundheilung beitragen und eine Neuansiedlung dieser pathogenen (krankmachenden) Keime erschweren. Dann können die „guten" Mundhöhlenbewohner wieder die Überhand gewinnen.

Es ist wichtig zu wissen, dass dies strenggenommen nicht zu einer Heilung führt, da der verlorengegangene Knochen ja nicht wieder aufgebaut wird. Zu hoffen, dass also danach alles wieder so ist wie vor einer Parodontitis, ist nicht realistisch. Man kann jedoch durch die Behandlung auf der „Etage", auf der unser Knochen gerade ist, gesunde und entzündungsfreie Verhältnisse schaffen, so dass die chronische Entzündung ausheilt und der Knochenabbau gestoppt wird.

Die Glättung erfolgt mit speziellen Instrumenten, das sind sogenannte „Küretten", aber auch Schall- und Ultraschallscaler. Man geht mit diesen Instrumenten in die Tasche und sprengt die Auflagerungen von der Wurzeloberfläche ab, ohne diese dabei zu verletzen.

Zusätzlich können chemische Lösungen eingesetzt werden, die eine weitere Reduktion von Mikroorganismen bewirken. Nicht immer, aber wenn sich viel Entzündungsgewebe an der Innenseite der Zahnfleischtasche gebildet hat, ist auch eine Weichteilkürettage notwendig. Hierbei wird mit den stets scharf geschliffenen Handinstrumenten, den Küretten, auch das entzündlich veränderte Gewebe entfernt.

Im Rahmen der Parodontitisbehandlung wird zur Unterstützung ein antiseptisches Mundwasser verschrieben, mit dem morgens und abends unverdünnt gegurgelt wird. Dies sollte jedoch nur im zeitlichen Zusammenhang mit der Behandlung erfolgen.

Sie erinnern sich: die Desinfektionslösungen wirken gegen alle unsere Mundhöhlenbewohner, also auch gegen jene, die uns schützen. Und hier kommt es wie bereits erwähnt auf das gesunde Gleichgewicht an.

Drei Monate nach dieser Behandlung werden sämtliche Taschen wieder mit der Parodontalsonde nachgemessen und in den Parodontalstatus eingetragen. Wenn durch die abgeschlossene Parodontitistherapie keine ausreichende Heilung erzielt wurde und weiterhin tiefe Taschen bestehen, kann eine offene Parodontitisbehandlung notwendig werden. Da diese parodontalchirurgische Maßnahme nur relativ selten zum Einsatz kommt, möchte ich auf ihre detaillierte Schilderung verzichten. Vielleicht nur noch eines dazu: Im Rahmen der Parodontalchirurgie kann in manchen Fällen auch regenerativ gearbeitet werden, es kann also verlorener Knochen durch eigenen oder durch Knochenersatzmaterialien wiederaufgebaut werden. Die Fälle, in denen dies möglich ist, sind leider nur sehr selten und die Techniken ziemlich aufwendig.

Bei Frau A. wird keine parodontalchirurgische Behandlung notwendig, ihre Zahnfleischtaschen sind drei Monate nach der Behandlung entzündungsfrei.

Das Wichtigste folgt allerdings jetzt erst. In der Fachsprache nennt man es die „Unterstützende Parodontaltherapie" (UPT). Jetzt kommt es nämlich darauf an, die wiedergewonnene parodontale Gesundheit zu erhalten.

In regelmäßigen Abständen von 3 bis 6 Monaten gilt es, die sich trotz veränderter Putzgewohnheiten immer wieder bildenden Auflagerungen zu beseitigen und das gesunde Gleichgewicht zu bewahren.

Ein Mann in meiner Praxis meinte einmal: „Mit dem ganzen Zahnstein in meinem Mund hätte ich mir schon längst ein Haus bauen können." Es gibt relativ wenige Menschen, die dabei mit einer professionellen Zahnreinigung im Jahr auskommen, bei der Mehrheit ist ein halbjährlicher Rhythmus optimal. Und einige kommen vierteljährlich, damit ihre Mundhöhle gesund bleibt.

Frau A. kommt halbjährlich in die Praxis und vereinbart den Termin auch schon im Voraus. Sie kann sich ihren Mund inzwischen ohne diese Vorsorge und die tägliche Interdentalreinigung gar nicht mehr vorstellen. Und ich freue mich bei jedem Wiedersehen über ihre neu gewonnene Zahngesundheit. Wie diese sich nämlich auf die Gesundheit ihres ganzen Körpers auswirkt, erfahren wir später in diesem Buch.

Zum Abschluss dieses Kapitels noch ein paar Worte zum Thema Periimplantitis. Wie wir bereits erfahren haben, befällt Implantate zwar keine Karies, um das osseointegrierte – also im Knochen eingeheilte – Implantat kann sich jedoch wie beim Zahn eine chronische Entzündung entwickeln. Bereits bei der Planung eines Implantates kommt demnach der Beratung der Menschen ein hoher Stellenwert zu. Eines oder mehrere Implantate sollten grundsätzlich nur in einen parodontal gesunden Mund eingesetzt werden.

Wie bei den chronischen Entzündungen der Zähne unterscheidet man zwischen jenen Formen, die nur das Zahnfleisch betreffen – bei Implantaten nennt man es

Mukositis – und jenen, die bereits den Knochen angegriffen haben – der Periimplantitis. Es geht also hier genau wie bei der Gesunderhaltung der eigenen Zähne um konse-
quentes Biofilmmanagement mit dem ganzen uns zur Verfügung stehenden Arsenal
zur Bekämpfung der angreifenden Keime. Mit einem kleinen Unterschied: Die künstlichen Zahnwurzeln sind uns nicht geschenkt worden, wir müssen sie – ziemlich
teuer – bezahlen. Und selbstverständlich ist auch dieses Geschehen multifaktoriell.
Wann und warum genau die Entzündung aufhört, auf das Zahnfleisch begrenzt zu
bleiben und beginnt auf den Knochen überzugreifen, daran wird immer noch geforscht.

Bisher haben wir uns also den beiden häufigsten Erkrankungen unseres Mundes,
den Volkskrankheiten Karies und Parodontitis gewidmet. Dabei spielten vor allem
unsere zahlreichen Mundhöhlenbewohner eine Rolle, also unser orales Mikrobiom
und sein gesundes Gleichgewicht. Im Folgenden geht es um ein anderes, sehr wichti-
ges Gleichgewicht: jenem unserer Zähne, Kaumuskeln und Kiefergelenke.

2.4 Zur Harmonie in unserem Mund

Ich habe lange gezögert, ob ich dieses komplexe Thema in mein Buch mit einbringen
soll. Es ist aber nun einmal so, dass es mich in meiner täglichen Arbeit so grundlegend
begleitet und in praktisch jeder zahnärztlichen Maßnahme so überaus bedeutsam ist,
dass es zum Verständnis der Vorgänge in unserem Mund nicht fehlen darf.

Fangen wir wieder mit der Prävention an. Wie bereits beschrieben gehören wir
der Gruppe der Säugetiere an. Und am Anfang unseres Lebens dreht sich auch alles
um das Saugen. Dass die Muttermilch und die Brust der Mutter sogar mit Bakterien
angereichert sind, um das Immunsystem des Babys zu stärken, habe ich bereits erwähnt.

Stillen spielt darüber hinaus eine herausragende Rolle bei der Entwicklung von
Ober- und Unterkiefer und des gesamten Kausystems. Denn Stillen bedeutet für den
Säugling Schwerstarbeit und ist ein optimales Trainingsprogramm für die Mund- und
Kiefermuskulatur. Nicht nur wird diese hierbei stärker beansprucht als beim Trinken
aus der Flasche, der gesamte Bewegungsablauf ist auch ein anderer.

Das Zusammenspiel der einzelnen Muskelgruppen ist nur beim Stillen wirklich
harmonisch und kann durch keinen Flaschensauger vollständig ersetzt werden.

Stillen trainiert außerdem noch den Lippenschluss, der seinerseits eine wichtige
Voraussetzung für unsere Sprach- und Kieferentwicklung und für die Nasenatmung ist.

Das in der Entwicklung unseres Körpers wichtige Prinzip „Use it or lose it" habe
ich bereits erwähnt. Das Prinzip „Form follows function" (Die Form folgt der Funktion), das hier ebenfalls zum Tragen kommt, stammt eigentlich aus der Architektur
und dem Produktdesign. Aber dieses Prinzip ist schon in der Natur begründet. Alle
Menschen, die sich mit Sport oder auch Bodybuilding befassen, kennen es: Unser
Körper verändert seine Form je nachdem, wie wir ihn verwenden.

Afrikanisches Dorf, im Mittelpunkt ein Kind.

Aber kommen wir zu unserer Kaumuskulatur und den dazugehörigen Knochen zurück. Zu etwa 80 Prozent sind Kieferfehlstellungen ein Ergebnis der Bewegung, der Funktion. Wie wir von Anfang an unsere Lippen, unsere Zunge und unsere gesamten Kaumuskeln verwenden, wirkt sich nachhaltig auf ihre Form und jene unseres ganzen Gesichtes aus, auch auf unsere Zahnstellung.

Wenn Sie, lieber Leser, dieses Buch lesen, werden Sie mit allergrößter Wahrscheinlichkeit nicht mehr gestillt. Sie könnten höchstens wenn sie eine Frau sind und kleine Kinder haben, selbst stillen. Es gibt aber einen kleinen Trost: Selbst wenn Sie nicht gestillt wurden oder nicht stillen konnten – und da gibt es vielfältige Gründe für –, vieles, was in dieser frühen Phase durch die natürliche Funktion nicht erfüllt wurde, kann später noch korrigiert werden.

Dafür braucht es – wie schon so oft im Verlauf dieses Buches beschrieben – eine vertrauensvolle interdisziplinäre Zusammenarbeit zwischen Kinderärzten, Hebammen, Zahnärzten, Kieferorthopäden, Logopäden, Atemtherapeuten und Sprachheiltherapeuten.

Nicht umsonst sagt ein afrikanisches Sprichwort: „Es braucht ein ganzes Dorf, um ein Kind zu erziehen". Um ein Kind in seiner harmonischen und gesunden Entwicklung zu begleiten, braucht man zur Unterstützung der Eltern und anderer betreuenden Personen ein ganzes Team von Spezialisten, die begleitend zur Seite stehen.

2.4.1 Rund um Zahn- und Kieferfehlstellungen

Zu diesem Thema könnte man wieder ein ganzes Buch schreiben. Es ist so komplex, dass es dazu einen eigenen Fachzahnarzt gibt: den Kieferorthopäden. Alle Zahnärzte und Zahnärztinnen haben jedoch ein Grundwissen dazu und dürfen sogar kieferorthopädische Behandlungen durchführen. Meistens aber – und ich handhabe es in meiner Praxis auch so – werden Kinder und Jugendliche und inzwischen auch immer mehr Erwachsene dafür zu einem Kieferorthopäden oder einer Kieferorthopädin überwiesen.

Kieferfehlstellungen – in der Fachsprache nennt man sie Dysgnathien – lassen sich wie bereits erwähnt in bis zu 80 Prozent der Fälle auf eine Funktionsbeteiligung zurückführen und sind nur zu etwa 20 Prozent rein genetisch bedingt. Will man also ein kieferorthopädisches Ergebnis auch im Erwachsenenalter stabil erhalten, sollten diese Dysfunktionen (Fehlfunktionen) im Fokus des Behandelnden sein.

Wenn unsere Gesichtsmuskeln korrekt funktionieren, die Zunge sich in der richtigen Position befindet – dabei schmiegt sie sich mit ihrem vorderen Teil weich an den Gaumen an – und der Mund überwiegend geschlossen ist, gelangen unsere Zähne wie von selbst an die für sie vorgesehene Position. Wir erinnern uns: Sie sind als

Zwei gegenüberliegende Zähne.

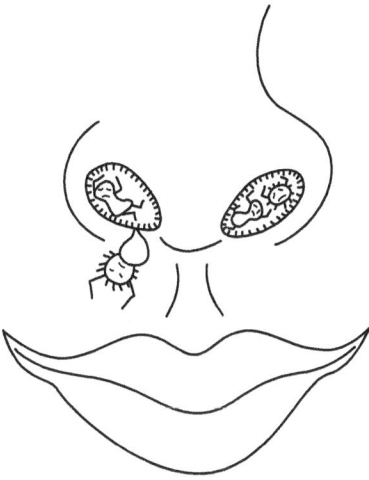

Nasenöffnung mit Flimmerhärchen.

Zahnknospen in unserem Knochen angelegt. Nach ihrem Durchbruch bewegen sie sich auf der Suche nach den gegenüberliegenden Zähnen nach und nach in die soge-nannte Kauebene hinein. Jeder Zahn sucht sozusagen während der Durchbruchspha-se nach seinen passenden Partnern, mit denen er später kauen wird.

Eine sehr häufige Dysfunktion ist die Mundatmung. Dass die Nasenatmung für uns alle der gesündeste Weg für die Aufnahme eines der elementarsten „Lebensmittel" überhaupt ist – dem Sauerstoff – habe ich bereits erwähnt. Aber warum ist das so?

Unser Nasen-Rachen-Raum und unsere Nasennebenhöhlen sind optimal dafür ausgestattet, die Atemluft auf dem Weg in unsere Lunge vorzubereiten. Hier wird diese gefiltert, angefeuchtet und vorgewärmt. Im Inneren der Nase, also in den Nasengängen und Nasenmuscheln, gibt es viele mikroskopisch kleine bewegliche Flimmerhärchen (sogenannte Zilien), in denen sich Fremdkörper und auch fremde Mikroorganismen verfangen. Diese kleinen Flimmerhärchen bewegen sich unaufhör-lich: in unserer Nase finden bis zu 800 Flimmerschläge in der Minute statt.

Aber das ist noch nicht alles. Diese Nasenräume sind auch noch mit einem Schleimfilm bedeckt, in dem sich die Eindringlinge verfangen und einfach wieder in Richtung Nasenausgang vertrieben werden. Dieses sogenannte Nasensekret (unsere „Rotze") enthält auch noch besondere Eiweiße (sogenannte Immunglobuline) sowie Enzyme, die seine Schutzfunktion noch unterstützen und bereits eine immunologi-sche Abwehr darstellen. Hier gibt es also bereits eine sehr wirkungsvolle Barriere gegen die unerwünschten Eindringlinge. In der aktuellen Corona-Pandemie ist das Thema Nasenatmung daher auch wieder in den Fokus der Medizin gerückt.

Es gibt jedoch noch einen weiteren Vorteil der Nasenatmung: Dabei wird die Atemluft nämlich mit Stickstoffmonoxid (NO) durchmischt, das in den Nasenneben-höhlen durch bestimmte Enzyme gebildet wird. Dieses Gas, das manche Wissenschaft-ler als den ältesten Botenstoff des Körpers sehen (nicht nur Säugetiere, sondern auch

Vögel, Fische, Frösche und sogar Krebse können ihn bilden) beeinflusst die Regulation von Durchblutung, Blutdruck und sogar Blutgerinnung.

Aber kommen wir zur Nasenatmung zurück. Das Stickstoffmonoxyd, das in den Kieferhöhlen gebildet wird, vermischt sich auf dem Weg in die Lunge mit der Atemluft. In den Lungenbläschen angekommen, führt es zu einer Gefäßerweiterung, so dass etwa 10 bis 15 Mal mehr lebenswichtiger Sauerstoff ins Blut aufgenommen und zu unseren Organen transportiert werden kann als bei der Mundatmung.

Je früher im Leben man sich also angewöhnt, durch die Nase zu atmen, umso besser. Und es ist übrigens nie zu spät dafür. Durch Übungen, bestimmte Hilfsmittel und gegebenenfalls mit der Unterstützung eines Logopäden oder einer Logopädin, lässt sich mit ein bisschen Disziplin auch noch im fortgeschrittenen Alter das Atmen durch die Nase erlernen.

Auch die Lippen lassen sich dafür trainieren, dass sie die Mundhöhle stets zuverlässig verschließen. Dies hat – neben der Vermeidung von Dysgnathien – noch einen weiteren Vorteil: Bleibt der Mund die meiste Zeit über geschlossen, trocknet er nicht aus und der Speichel kann seine Aufgabe der Remineralisation der Zähne besser erfüllen. Dadurch sinkt also auch das Kariesrisiko.

Es gibt noch eine Funktion des Mundes, die sich auf die Zahn- und Kieferstellung auswirkt: das Schlucken. Damit haben wir uns bereits beim Thema „Zunge" beschäftigt. Das Schlucken wird von 26 Muskelgruppen und fünf Hirnnerven koordiniert. Wir schlucken 1.000 bis 3.000 Mal jeden Tag, es ist eines unserer häufigsten Bewegungsmuster. Spannend am Schlucken ist: In der Anfangsphase dieser Bewegung ist der Schluckreflex willkürlich. Wir haben also eine Kontrolle darüber, wie lange wir einen Bissen kauen und durchspeicheln, bevor wir ihn herunterschlucken. Im weiteren Verlauf jedoch wird das Ganze immer unwillkürlicher. Hier ist es auch wie bereits erwähnt von größter Bedeutung, dass unsere Atem- und Verdauungswege fein säuberlich auseinandergehalten werden, so dass nichts Falsches geschluckt oder eingeatmet wird.

Auch beim Schlucken kann es zu Störungen der Funktion kommen. Durch eine zu schlaffe Zungenmuskulatur bleibt die Zunge in einer Rücklage und wird beim Schlucken gegen die Zähne oder sogar dazwischen gepresst, statt vorne am Gaumen zu bleiben. Dieses Schluckmuster nennt man „viszerales" oder „infantiles" Schlucken, da es bei Kindern bis zum dritten Lebensjahr natürlicherweise vorkommt. Erst wenn es über das vierte Lebensjahr weiter besteht, kann es zu einem Problem für die Zahn- und Kieferstellung werden. Mit diesem Schluckmuster geht häufig auch eine Artikulationsstörung, zum Beispiel Lispeln, einher. Ich erinnere mich noch ganz genau daran, wie unser Kinderarzt meine Tochter aufforderte: „Sag mal: sehr saure Salatsoße!" Die Antwort war: „Das sag ich nicht!" So rebellisch ist sie bis heute geblieben.

Auch in diesen Fällen kann man mit myofunktionellen Übungen (Muskelfunktionsübungen) und kieferorthopädischen Apparaturen verändernd in die Schluckfunktion eingreifen.

Sinnvollerweise arbeiten hier Kinderärzte, Zahnärzte, Kieferorthopäden, Hals-Nasen-Ohrenärzte und Logopäden eng zusammen, um für die Kinder und Jugendlichen das beste und stabilste Ergebnis zu erzielen.

An dieser Stelle möchte ich ein Problem ansprechen, das mir bei meiner Arbeit mit Kieferorthopäden häufig begegnet. Viele Menschen, die sich einer kieferorthopädischen Behandlung unterziehen, und oft auch deren Eltern, erwarten ein ästhetisch perfektes Ergebnis. Ein Kieferorthopäde sollte aber sowohl die Ästhetik als auch die Funktion des gesamten Kauapparates, einschließlich der Muskeln und Kiefergelenke, in seine Behandlung einbeziehen. Abgesehen davon, dass Perfektion immer im Auge des Betrachters liegt, müssen hier manchmal auch Kompromisse gemacht werden. Oft werden solche „perfekten" Ergebnisse auch nur mit einer festsitzenden kieferorthopädischen Apparatur erreicht, die über einen längeren Zeitraum getragen wird. Hier muss der Behandler oder die Behandlerin – wie übrigens immer – möglichst klar und umfassend über alle Vor- und Nachteile aufklären.

Genauso ausführlich müssen Kinder und Jugendliche nach dem Einsetzen der Brackets über die Notwendigkeit einer besonders gründlichen Mundhygiene informiert werden. Schließlich haben sie in dieser Zeit noch mehr Unebenheiten und Nischen, in denen sich Piratenbakterien ansiedeln können, so dass die Gefahr von Karies steigt. Hierzu zählen alle Maßnahmen, die wir bereits in der Kariesprävention kennengelernt haben: Zahnputzübungen, Fissurenversiegelung und Fluoridierung.

Zu guter Letzt möchte ich auf eine weitere Funktion des Mundes eingehen, die sich auf die Zahn- und Kieferstellung auswirkt: das Saugen. Erinnern Sie sich noch an die Ultraschallbilder der daumenlutschenden Babys? Hier trainieren sie schon, um später ausreichend Kraft zu haben, um an der Brust der Mutter zu trinken. Manche Kinder setzen diese Gewohnheit auch nach ihrer Geburt fort.

Mein kleiner Bruder lutschte auch an seinem Daumen. Aber nur bis zu jenem Tag, als ein entfernter Cousin aus Budapest zu Besuch kam. Dieser Junge lutschte mit 16 Jahren immer noch an seinem Daumen. Der Familiengeschichte nach tauschte er den Daumen etwas später direkt gegen die Zigarette aus.

Auch das Beruhigen mittels Schnuller bleibt für die Zahn- und Kieferentwicklung nicht ohne Folgen. Es gibt hier zwar inzwischen sogenannte medizinische Schnuller, die gegenüber den herkömmlichen gewisse Vorteile bieten. Am besten ist es aber, ein Kind gewöhnt sich den Schnuller ab dem zweiten bis dritten Lebensjahr ab, dann ist die Verformung der Kiefer noch reversibel. Wir haben in der Praxis schon einige Schnuller stolz von ihren Besitzern „gespendet" bekommen und hängen sie (erst einmal) wie eine Trophäe an unsere Pinnwand.

Wichtig ist: Bis zur Vollendung des dritten Lebensjahres ist das Lutschen am Daumen oder am Schnuller harmlos und sollte nicht unterdrückt werden. Ich kann mich noch sehr lebhaft an das Bild aus Heinrich Hoffmanns „Struwwelpeter" erinnern, einem Kinderbuch aus dem Jahre 1845, das mir als Kind manchen Albtraum bescherte. Darin werden dem daumenlutschenden Konrad beide Daumen mit einer riesigen Schere abgeschnitten. Zum Glück sind solche Horror-Kinderbücher heute nicht mehr in Mode.

Psychologen vermuten, dass Kinder das Saugen mit Geborgenheit, Ruhe und befriedigender Aufnahme von Nahrung verbinden und sich in Stresssituationen dadurch Entspannung verschaffen. Hier gilt es, herauszufinden, in welchen Situationen das Kind an Daumen oder Schnuller nuckelt und ihm in diesen Fällen auf andere Weise Trost zu spenden, beispielsweise durch eine Umarmung, durch Aufmerksamkeit oder eine schöne, entspannende Geschichte. Aber bitte nicht aus dem „Struwwelpeter" vorlesen!

Eine andere Gefahr geht vom Nuckeln an Trinkflaschen mit Milch oder anderen Getränken wie gesüßten Tees oder Fruchtsäften aus. Die Folgen für die Kinder und ihre ganze Familie sind schwer. Daher möchte ich diesem Thema ein eigenes Kapitel widmen.

2.4.2 Die frühkindliche Karies und ihre Folgen

Dieses Thema hätte ich auch beim „Kampf gegen Karies" behandeln können. Die traurige Tatsache ist: Wenn diese Kinder dem Zahnarzt/der Zahnärztin vorgestellt werden, ist der Kampf für uns meistens schon verloren. Man hätte es auch beim Thema „Ernährung" einbringen können. Das Wissen um die Gefahr für die Kinderzähne, die von kohlenhydrathaltigen Speisen und Getränken ausgeht, ist noch nicht bei allen Eltern angekommen. Nun behandeln wir es also hier im Hinblick auf die Folgen, die diese Erkrankung auf die weitere Entwicklung der Zähne und des Kiefers hat.

Die Zerstörung oder gar den Verlust von Milchzähnen noch lange vor Durchbruch der bleibenden Nachfolger bezeichnet man als „Early Childhood Caries" (ECC, frühkindliche Karies) beziehungsweise „Nursing Bottle Syndrom" (NBS, Nuckelflaschensyndrom). Es ist nach wie vor eine der häufigsten Kinderkrankheiten überhaupt und ein weltweit mit großer Sorge beobachtetes Phänomen. Die WHO hat sich dieses Themas in einer Expertenrunde im Januar 2016 angenommen und weltweite Präventionsstrategien für den Umgang mit dieser Erkrankung ausgearbeitet. In der Veröffentlichung, die die Sitzung und ihre Ergebnisse zusammenfasst, wird die ECC als weltweite Pandemie bezeichnet.

Die Häufigkeit der ECC variiert zwischen Kontinenten und Ländern dieser Welt und liegt zwischen 10 Prozent bis zu 90 Prozent (!). Hierzulande sind 10 bis 15 Prozent der unter Dreijährigen betroffen. Auch in meiner Praxis sehe ich diese Kinder mit trauriger Regelmäßigkeit. Ähnlich wie Diabetes und Herz-Kreislauf-Erkrankungen ist die ECC heute Teil unserer Wohlstandsgesellschaft geworden.

Mit der Kariesentstehung haben wir uns ja bereits beschäftigt. Wir erinnern uns: Die „Piratenbakterien" brauchen zum Höhlenbau in unseren Zähnen einige Bedingungen – möglichst kohlehydrathaltige Nahrung, ein saures Milieu im Mund bei möglichst geringem Speichelfluss – und müssen zudem noch viele sein, um ausreichend Milchsäure zu bilden. Und sie brauchen genug Zeit. All diese Bedingungen sind ziemlich schnell gegeben, wenn ein Baby oder Kleinkind mit der mit kohlenhydrathaltigen Getränken gefüllten Nuckelflasche im Mund einschläft. Wir erinnern uns: Nachts versiegt unser Speichelquell, der die Zähne auf so wunderbare Weise remineralisiert, fast vollständig.

Eine der Hauptempfehlungen der WHO lautet denn auch: Zucker bis zur Vollendung des zweiten Lebensjahres möglichst vollständig zu vermeiden.

Auch hier gilt wieder: nur in enger Zusammenarbeit zwischen Eltern, Kinderärzten, Hebammen, Zahnärzten und Kieferorthopäden können wir die betroffenen Kinder optimal betreuen. Und leider werden sie nach wie vor immer noch viel zu spät dem Zahnarzt oder der Zahnärztin vorgestellt.

Manche Eltern denken nämlich immer noch, dass „schlechte" Zähne vererbt seien, und oft fehlt ihnen das Wissen über die Zusammenhänge zwischen Zahngesundheit und Ernährungsgewohnheiten. Außerdem denken sie, man müsse sich um zerstörte Milchzähne nicht sorgen, da diese ja sowieso ausfallen. Dass die Zähne eines Babys und Kleinkindes ab dem ersten Zahn durch die Eltern oder die Menschen, die sich um die Kinder kümmern, geputzt werden müssen, ist auch nicht immer bekannt. Und schließlich gilt es, noch einen weiteren Faktor zu berücksichtigen: dass nämlich ein erhöhter Befall von Kariesbakterien bei der Mutter auch das Risiko für die Entstehung der frühkindlichen Karies bei ihren Kindern begünstigt.

Warum dies der Fall ist, ist noch nicht vollständig geklärt. Das liegt vor allem daran, dass die Erforschung des menschlichen Mikrobioms – und insbesondere des Mikrobioms des Mundes –, wie bereits erwähnt, noch in den Kinderschuhen steckt. Eine Gruppe von Forschern aus Großbritannien hat herausgefunden, dass sich das Mikrobiom von Menschen, die im selben Haushalt leben, im Laufe der Zeit anpasst. Selbst als die Kinder auszogen, hatten sie noch lange Zeit einen ähnlichen „Bakterienmix" wie im Elternhaus. Wie wir bereits gelernt haben, hat die Zusammensetzung des Mikrobioms weitreichende Auswirkungen auf unsere Mundgesundheit und – wie wir später sehen werden – auf die Gesundheit unseres gesamten Körpers. „Schlechte" Zähne sind also wahrscheinlich nicht vererbt, sondern werden über die Bewohner unseres Körpers von den Eltern auf die Kinder übertragen.

Ich erinnere mich noch sehr gut an den Artikel, den unser Kinderarzt jahrelang an der Pinnwand im Wartezimmer der Praxis aufgehängt hatte. Darin wurden die Eltern auf die Ursachen und die Gefahren, die von der frühkindlichen Karies ausgehen, aufmerksam gemacht. Er untersuchte denn auch die Zähne unserer Kinder bei jedem Kontrolltermin und das, obwohl er wusste, dass ich selbst Zahnärztin bin. Und er erzählte mir stolz, dass seine Frau und er ihren Söhnen die Zähne nachgeputzt haben, bis diese 12 Jahre alt waren. Inzwischen ist einer ihrer beiden Söhne auch Zahnarzt.

Die Folgen der ECC sind vielfältig. Nicht nur geht sie mit dem Verfall von Milchzähnen, nachfolgenden Zahnschmerzen sowie Abszessen oder chronisch entzündeten Zähnen einher, sie wirkt sich auch auf die Lebensqualität der ganzen Familie aus. Die betroffenen Kinder haben ein deutlich höheres Risiko, auch im bleibenden Gebiss Karies zu entwickeln. Außerdem können sie Probleme beim Essen und/oder Sprechen haben. Und durch die Zerstörung oder den Verlust der Milchzähne wird auch der Durchbruch der bleibenden Zähne beeinträchtigt.

Die Erhaltung der sogenannten „Stützzone", also der Kontinuität der Milchzahnreihe, ist nämlich überaus wichtig. Kariöse Zähne sollten mit Füllungen oder Milchzahnkronen aufgebaut und die Lücken verlorengegangener mit sogenannten Lücken-haltern offengehalten werden, damit sich die bleibenden Zähne harmonisch einreihen können.

Manchmal sind sogar kleine Kinderprothesen notwendig. Was also die Ernährung und das elterliche Putzverhalten bei so vielen Kindern weltweit in den lediglich zwei bis drei ersten Lebensjahren bewirken kann, ist erschreckend. Dabei haben wir einen Aspekt noch gar nicht berücksichtigt: die Zahnarztangst. Man kann sich leicht vorstellen, dass Kinder, die schon in diesem zarten Alter mit Zahnschmerzen und umfänglichen Zahnbehandlungen konfrontiert werden, eher eine Zahnarztangst entwickeln. Hier gilt alles, was wir im Kapitel dazu besprochen haben. Es gilt, diese Kinder an die Zahnbehandlung spielerisch heranzuführen und sie durch regelmäßige Zahnarztbesuche mit ihren Zähnen und ihrer Zahngesundheit vertraut zu machen. Und hier betone ich noch einmal: Die Narkose sollte nur die letztmögliche Therapie sein, wenn alles andere versagt hat. Sie ist nämlich immer mit einem Risiko verbunden und die Angst vor dem Zahnarzt lässt sich nachhaltig nur durch regelmäßige von Vertrauen und Empathie geprägte Zahnarztbesuche abbauen oder vermeiden.

Eines Tages sind schließlich alle Zähne irgendwie in der Kauebene angekommen und die Kinder erwachsen. Die gegenüberliegenden Zahnreihen stehen in einem mehr oder weniger harmonischen Kontakt – erinnern Sie sich noch an unser „Mund-höhlenorchester"? Darum geht es in unserem nächsten Kapitel.

2.4.3 Die craniomandibuläre Dysfunktion

Unsere Zähne sind, wie wir bereits erfahren haben, hochsensible Tastorgane. Wissenschaftler haben festgestellt, dass Zähne bis zu 10 Mikrometer detektieren können. Das haben sie folgendermaßen herausgefunden: sie haben Joghurt mit immer feiner werdenden Partikeln versetzt und die Versuchsteilnehmer davon kosten lassen. Erst bei solchen, die unter 10–20 Mikrometern groß waren, merkte man nicht mehr, dass sie sich im Joghurt versteckten.

Diese hochsensiblen Tastorgane, sogenannte Mechanorezeptoren, messen die Auslenkung der Zähne beim Zusammenbeißen. Die Informationen, die diese Mechanorezeptoren sammeln, werden über aufsteigende Bahnen dem Gehirn weitergeleitet. Das ist also der Informationsweg von „unten" nach „oben", also in die „Chefetage" Gehirn.

Oder, um beim Bild des „Mundhöhlenorchesters" zu bleiben, vom Orchester zum Dirigenten. Hier werden sie integriert, also zusammengefasst und eingeordnet. Aufgrund dieser Informationen trifft die „Chefetage" ihre Entscheidungen und sendet sie an den Kauapparat zurück, also von „oben" nach „unten". Dieser Prozess spielt sich ganz ohne unser Bewusstsein und in Bruchteilen von Sekunden ab.

Schon als Kinder üben und programmieren wir diese Bewegungen. Dass wir während des Wachstums knirschen, wird daher als natürlich angesehen. So wird sichergestellt, dass unsere Zähne und unsere Kiefergelenke zusammenpassen.

„Mundhöhlenorchester" mit Dirigent.

Um unseren Kauapparat in seiner Funktion zu verstehen, müssen wir unsere Entdeckungsreise also etwas über unseren Mund hinaus auf unsere Kiefergelenke und unsere Kaumuskeln ausdehnen.

Vom Aufbau der Kiefergelenke war ich bereits in meiner Studienzeit mehr als fasziniert. Dieser einzige Knochen, der unser Unterkiefer ist, ist nämlich mit zwei Gelenken an der Basis unseres Schädels aufgehängt. In dieser Basis liegen die Gelenkgrübchen, in denen sich die beiden Gelenkköpfchen bewegen, die die beiden Enden des Unterkiefers bilden. Dazwischen liegt eine kleine Knorpelscheibe, die man Discus articularis oder einfach Discus nennt. Auch Gelenkgrübchen und Gelenkköpfchen sind, wie alle Gelenke, mit Knorpel beschichtet. Innerhalb der Gelenkkapsel trägt eine visköse, klare Flüssigkeit, die Gelenkschmiere oder Synovia, dazu bei, dass die Gelenkflächen reibungsfrei, wie „geschmiert", aneinander vorbeigleiten.

Am Kauen direkt sind vier Muskelpaare beteiligt. Der stärkste davon ist der Musculus masseter oder einfach Masseter genannt. Er ist mit bis zu 800 Newton pro Quadrat-

Ein Mensch, der einem Alligator das Maul zuhält.

zentimeter sogar der stärkste Muskel unseres Körpers. Vielleicht hat jemand von Ihnen schon einmal einen Zirkuskünstler erlebt, der sein eigenes Körpergewicht allein mit seinen Zähnen halten kann, mit denen er sich an einem Strick festgebissen hat.

Jene Muskeln, die am Schließen beteiligt sind – also am Zubeißen –, sind hierbei deutlich stärker als die Öffner. Ein bisschen wie bei einem Alligator, erkläre ich es den Menschen in meiner Praxis. Dessen Maul kann man ganz leicht mit einer Hand zuhalten, beim Schließen aber: Aua! Da ist diese Hand mal ganz schnell abgebissen.

Dieser geniale Kauapparat konstruiert sich während seiner Entwicklung also selbst. Dabei werden die beiden Kiefergelenke gemäß der Position der aktuellen Kauebene geformt. Die Neigung der Kiefergelenksbewegung passt sich dabei an die Neigung der Höcker unserer Zähne an. Es ist wie bei einem Uhrwerk, bei dem man bei kleinen Zahnrädchen anfängt und am Ende ein großer Zeiger bewegt wird. Dieses wunderbare biomechanische System wird so geformt und gleichzeitig neuromuskulär programmiert.

Normalerweise sind unsere Zahnreihen im Laufe eines Tages die meiste Zeit über ohne Kontakt. Hierbei hängt der Unterkiefer in einem sicheren Abstand vom Oberkiefer in der sogenannten Ruheschwebelage, die ziemlich genau 2 Millimeter beträgt. Bei Menschen ohne die Symptome einer craniomandibulären Dysfunktion berühren sich die Zahnreihen im Verlauf von 24 Stunden insgesamt etwa 15 Minuten lang, und zwar beim Kauen – und das nur sehr kurz, da ja meistens das Essen dazwischen bewegt wird – und beim Schlucken. Die restliche Zeit über können sich die Kaumuskeln erholen.

Beim Zubeißen liegen die Gelenkköpfchen idealerweise mittig in den Gelenkgrübchen. Hierbei stehen unsere Gelenke symmetrisch zueinander, unsere Zahnreihen haben gleichmäßigen Kontakt und unsere Kaumuskulatur hat auf beiden Seiten die gleiche Länge und Spannung. Bei jedem Schlucken berühren sich unsere Zahnreihen und unser Gehirn überprüft unbewusst all diese Details.

Bei einem funktionsgestörten Kauapparat geht diese wunderbare Harmonie aus irgendeinem Grund verloren. Im Mittelpunkt dieser Funktionsstörung steht eine hyperaktive Muskulatur und ihr schädigender Einfluss auf Kiefergelenke, Zähne – sowohl auf die Zahnhartsubstanz als auch den Zahnhalteapparat (das Parodont) – und andere Strukturen.

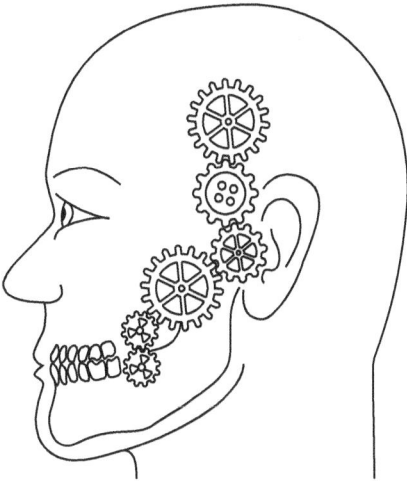

Kauapparat als Uhrwerk.

Die Angaben zur Häufigkeit der craniomandibulären Dysfunktion variieren in der Literatur sehr stark und bewegen sich in einem Bereich zwischen 5 und 70 Prozent.

Die Ursachen für diese großen Schwankungen liegen unter anderem in der Definition, in der Diagnostik und den Untersuchungsmethoden, aber auch in der Auswahl der untersuchten Personen. Grundsätzlich gilt: Zahnmedizinische Funktionslehre reicht von der Kenntnis der Geometrie von Kauflächen und Kiefergelenken bis hin zu sehr komplexen neuromuskulären Funktionssteuerungen und ihren Wechselwirkungen mit vielen anderen Körperfunktionen, auf die ich im weiteren Verlauf dieses Buches noch näher eingehen werde.

Haben wir nun irgendwo einen Störkontakt in der Zahnreihe, wird dieser wie bereits beschrieben dem Gehirn gemeldet. Dieses sendet wiederum ein Signal in Richtung Muskulatur: „Bitte Störkontakt beseitigen". Die Muskeln fangen also an, vermehrt zu arbeiten, um diesen Störkontakt zu entfernen. Das „Uhrwerk" Kauapparat fängt an, verrückt zu spielen. Die Harmonie ist gestört.

Durch diesen unwillkürlichen Mechanismus kann entweder der Störkontakt „weggewetzt" werden – dies kann man manchmal an blank polierten Stellen auf frisch gelegten Füllungen erkennen – oder der Unterkiefer wird so zum Oberkiefer verschoben, dass sich die Kontakte wieder gleichmäßig anfühlen. Dabei geht dann allerdings die Symmetrie und die gleichmäßige Spannung der Kaumuskeln verloren. Ein Teufelskreis.

Es ist aber nicht ganz so einfach. Dieses ganze System ist noch anderen Einflüssen ausgesetzt. Denn auch Stress kann sich in diesem System niederschlagen. Das spiegelt sich bereits in Ausdrücken wie „sich durchbeißen" müssen oder jemand verfolgt ein Ziel „verbissen" wider. Auch die Nackenmuskulatur, die den Schädel beim Kauvorgang stabilisiert, wird hierbei stärker beansprucht. Dann bleiben wir „hartnäckig" bei einer Sache, sind „halsstarrig" im Umgang mit anderen oder laufen „stiernackig" durch die Gegend.

Dass wir Menschen Stress durch Pressen und Knirschen abbauen, ist ein ganz normales Verhaltensmuster und läuft unbewusst ab. Wir machen es vor allem nachts im Schlaf, wenn wir uns eigentlich erholen sollten. Hierbei verarbeiten wir Situationen, die wir tagsüber erlebt haben.

Wie wir bereits gesehen haben, üben unsere Muskeln enorme Kräfte aus. Statt zu schlafen, leisten wir Schwerstarbeit und wundern uns später darüber, dass wir nicht ausgeschlafen sind und mit Schmerzen aufwachen. Je nachdem, welche dieser Strukturen innerhalb unseres Kauapparats die schwächste ist, treten die Folgen der craniomandibulären Dysfunktion an unterschiedlichen Stellen auf.

Durch die Verspannung der Muskeln können Schmerzen auftreten, die vor allem als Kopfschmerzen spürbar werden. Besonders ist dies bei asymmetrischen, nicht springenden Schmerzen, die stets auf der gleichen Seite auftreten, der Fall. Kopfschmerzen sind ein interdisziplinäres Problem und der Zahnarzt/die Zahnärztin sollte hierbei neben anderen Fachärzten/Fachärztinnen eingebunden werden.

Auch die Kiefergelenke leiden unter der Beanspruchung. Durch die enormen Kräfte in den verrücktspielenden Muskeln werden die Kiefergelenke, die normalerweise reibungsfrei gleiten, gequetscht und dadurch traumatisiert. Bei Fehlbelastungen geht der Schmierfilm in den Gelenkkapseln verloren. Es kommt zu Verklebungen, diese Stellen werden rau und können schmerzen. Manchmal, aber nicht immer, kommt es auch zu Knack- oder Reibegeräuschen im Gelenk.

Auch unsere Zähne leiden unter der Fehlfunktion des Kauapparats. Hier sieht man die Folgen an abgeknirschten Stellen, sogenannten Abrasionen. Auch auf Kälte und Wärme sowie Saures können überlastete Zähne empfindlich reagieren, dies kann mitunter sehr unangenehm sein. An den Zahnhälsen können sich keilförmige Defekte entwickeln, anfänglich nur kleine Rillen am Übergang zwischen Zahnschmelz und dem darunter liegenden Wurzeldentin, später können sie immer größer und tiefer werden. Meistens geht an diesen Stellen auch das Zahnfleisch zurück. Auch diese Stellen sind gegenüber Kälte, Wärme und säurehaltigen Speisen und Getränken empfindlicher.

Die craniomandibuläre Dysfunktion kann sich außerdem auf das Parodont, also den Zahnhalteapparat auswirken. Wir erinnern uns: Es trifft zuallererst die schwächste Stelle im System. Und wenn zu diesem Krankheitsbild eine Parodontitis hinzukommt, kann sich die Fehlbelastung der Zähne auch auf ihren Halt im Knochen auswirken. Sie führt dann von Knochenrückgang bis hin zur Lockerung von Zähnen.

Welche Auswirkungen die craniomandibuläre Dysfunktion auf weiter entfernte Strukturen unseres Körpers hat, darauf gehe ich später noch ein. Vorerst widmen wir uns den Menschen mit diesen Beschwerden in der Praxis.

2.4.4 Vorbeugung und Behandlung der craniomandibulären Dysfunktion

In unseren normalerweise genial funktionierenden Kauapparat greifen wir Zahnärzte/ Zahnärztinnen und auch Kieferorthopäden/Kieferorthopädinnen mit fast jeder Maßnahme – außer den präventiven – verändernd ein. Wir haben schon bei der Füllungstherapie und beim Thema Zahnersatz darüber gesprochen: jede Rekonstruktion in unserem Mund muss eine Genauigkeit von 10 bis 20 Mikrometern aufweisen. Dabei sollte die Struktur von Zähnen möglichst der Natur abgeschaut werden. Alle Fissuren und Höcker sollten möglichst wieder so aussehen wie vor ihrer Zerstörung. Manchmal reicht sogar schon die Korrektur einer einzigen Füllung aus, um die Muskulatur zu entspannen. Wir erinnern uns: mein erster gestalteter Zahn sah eher wie eine Brombeere aus. Und häufig sehen Füllungen eher wie Badewannen denn wie echte Zähne mit „Bergen" und „Tälern" aus.

Bei direkten Füllungen, die in einer Behandlungssitzung gelegt werden, können die Menschen noch ziemlich genau nachspüren, ob Störkontakte vorliegen. Mit einer hauchdünnen sogenannten Okklusionsfolie – das ist so etwas wie sehr dünnes Pauspapier – kann man in Rückmeldung mit ihnen, unter Berücksichtigung der harmonischen Zahnform mit ihren „Bergen" und „Tälern", ohne allzu großem Aufwand eine gute Harmonie erreichen.

Veränderungen in unserer Kauebene passieren auch schon beim Verlust eines Zahnes. Die Nachbarzähne können in die Lücke hineinkippen, die gegenüberliegenden Zähne machen sich auf die Suche nach neuen Kontakten und können sich in die Lücke hineinbewegen. Umso mehr Zähne verloren gehen, umso größer die Veränderung in unserem Kauapparat.

Besonders vor der Planung größerer Rekonstruktionen, also von Zahnersatz, sollte ein sogenannter CMD-Kurzbefund erfasst werden. Ähnlich wie mit dem Parodontalen Screening Index (PSI) kann so mit geringem Aufwand und in nur wenigen Minuten die Wahrscheinlichkeit des Vorliegens einer craniomandibulären Dysfunktion erfasst werden. Dieser CMD-Kurzbefund umfasst sechs Ja/Nein-Fragen, deren Beantwortung in ein kleines Schema eingetragen wird. Bei zwei Ja-Antworten ist die Wahrscheinlichkeit einer CMD gegeben, hier kann zur weiteren Abklärung eine klinische Funktionsanalyse erfolgen, die weitere Informationen bereithält. Auf alle Details einzugehen, würde den Rahmen dieses Buches sprengen. Wichtig ist nur, dass diese Informationen in enger Zusammenarbeit mit dem zahntechnischen Labor in die Herstellung des Zahnersatzes einfließen, der möglichst genau in das sensible Kausystem des Menschen passt.

Bevor wir zur Behandlung der craniomandibulären Dysfunktion übergehen, erst einmal ein paar gute Nachrichten: die allermeisten Störungen der Funktion des Kauapparates sind geringgradig und haben keinen Krankheitswert. Nur ein Bruchteil davon muss behandelt werden. Oft treten sie auch nur zeitweise auf, zum Beispiel in Prüfungszeiten oder in anderen belastenden Lebenssituationen. Sie können dann ziemlich unangenehm und schmerzhaft sein, oft aber auch einfach von selbst wieder verschwinden.

Wie bei vielen Erkrankungen ist allein die Aufklärung über die Ursachen und die Zusammenhänge ein erster Schritt zur Heilung. In der Praxis bedeutet das wieder: ganz viel erzählen.

Wie schon beim Thema Karies oder Parodontitis werden die Menschen in meiner Praxis so nach und nach zu Experten ihres Kauapparats. Allein die Frage nach möglichen stressauslösenden Faktoren in der aktuellen Lebenssituation bewirkt ein Inne-halten und eine Bestandsaufnahme. Wenn ich den Menschen zum Beispiel rate, min-destens eine halbe Stunde lang täglich etwas ganz allein für sich selbst zu tun, bekommen sie oft ganz große Augen. Gerade berufstätige Mütter von kleinen Kindern gönnen sich diesen „Luxus" selten. Dann gebe ich wieder zu bedenken, dass es nur einen Menschen auf der Welt gibt, mit dem sie sicher alt werden: sich selbst.

In dieser halben Stunde kann man alles Mögliche tun: die Lieblingsmusik hören, im Wald spazieren gehen, meditieren, autogenes Training, progressive Muskelrelaxa-tion, Yoga, Selbsthypnose oder auch einfach gar nichts. Es gibt sicher noch viele weitere Möglichkeiten.

Hilfreich ist es zudem, sich selbst und seinen Kauapparat zu beobachten. Dazu kann man kleine blaue Punkte, wie man sie im Schreibwarengeschäft kaufen kann, als Aufkleber benutzen und in seiner Wohnung, auf den Rückspiegel im Auto oder an den Computer kleben. So kann man beobachten, ob die Zähne Kontakt haben oder nicht. Schon nach einer Woche „Punkte"-Erfahrung berichten die meisten Menschen, wie regelmäßig sie sich beim Zusammenbeißen der Zähne beobachten.

Spaßeshalber schlage ich oft vor, dass sie die Punkte auch bei ihrem Partner, den Kindern oder dem Chef auf die Stirn kleben können. Allein die Vorstellung davon läßt sie dann schmunzeln.

Ein wichtiger Punkt ist die Haltung. Ich mache es ihnen oft vor: Man versuche einmal mit geöffneten Schultern, einer hoch in die Luft gestreckten Nase, mit leichtem Schritt und fröhlichen Gedanken lächelnd die Zähne zusammenzupressen.

Es scheint irgendwie nicht zu gelingen.

Das Gleiche gilt beim Sitzen. Es gibt bereits viele ergonomische Sitzhilfen, die eine für unsere Gesundheit bessere Sitzhaltung unterstützen sollen. Viele Menschen verbringen schon berufsbedingt viele Stunden im Sitzen und setzen sich abends manchmal auch noch einige Stunden lang vor den Fernseher. Auch die Schlafhaltung kann sich ungünstig auf die craniomandibuläre Dysfunktion auswirken. Mit Hilfe von Nackenkissen, die unsere Halswirbelsäule überstrecken, kann man hier Abhilfe schaffen.

Auch myofunktionelle Übungen, wie wir sie aus der Kieferorthopädie kennen, kön-nen sich positiv auswirken. Allein die Lage der Zunge – mit ihrem vorderen Teil ganz weich am Gaumendach angeschmiegt – harmonisiert die Funktion des Kauapparats. Mit der Zunge in dieser Position kann man vor dem Spiegel eine gerade Mundöffnung üben, dazu malt man sich einfach mit einem wasserfesten Stift einen geraden senkrech-ten Strich auf den Spiegel. Eine Abweichung bei der Mundöffnung ist übrigens eines der Symptome der craniomandibulären Dysfunktion, die im CMD-Kurzbefund erfasst werden. Videos mit Übungen dazu sowie Anleitungen zur Selbstmassage der Kiefermus-keln gibt es inzwischen kostenlos im Internet.

Bei ganz akuten Schmerzen können schmerzlindernde Medikamente eingesetzt werden. Außerdem gibt es eine für jeden Menschen einsetzbare kleine Schiene, ein sogenannter Aqualizer, bei dem zwei miteinander verbundene und kommunizierende

Ein Mensch in aufrechter
Haltung und sonnigen Gedanken.

Wasserkissen zwischen die seitlichen Zahnreihen eingesetzt werden. Dadurch wird spontan ein Ausgleich in der Kauebene erzielt, der Muskulatur und Kiefergelenken eine Entspannungsphase verschafft und so die akuten Schmerzen lindern kann. Auch Wärme, zum Beispiel in Form von sogenannten heißen Rollen, kann Abhilfe schaffen.

In der Praxis gut bewährt hat sich die Schienentherapie. Eines ihrer wesentlichen Ziele ist die Entspannung der Muskulatur und die Rekoordination der Bewegungsabläufe unseres Unterkiefers. Es würde hier wieder zu weit gehen, auf die vielen in ihrer Form und ihrem Design unterschiedlichen Schienenarten einzugehen. Je nach ihrer Gestaltung greifen sie auch in einer eigenen Weise in diesen unter normalen Umständen so genial funktionierenden Kauapparat ein. Wichtig ist – und ich sage es den Menschen in meiner Praxis unbedingt bei jedem Einsetzen einer Schiene – dass man damit sehr kritisch bleibt und sie nur trägt, wenn sie einem guttut. Die meisten Menschen machen das glücklicherweise schon von selbst.

Vor allem soll eine Schiene aber nicht ständig getragen werden. Vielleicht ein bisschen wie bei einer Krücke, die nur zum Einsatz kommt, wenn man läuft. So sollte

Afrikanisches Dorf, in der Mitte ein Erwachsener.

der Fokus eines jeden im Wachzustand darauf liegen, dass die normale Position des Unterkiefers die eines sicheren Abstands ist.

Nur nachts und in besonderen Situationen, in denen man aus eigener Erfahrung weiß, dass man diesen Abstand regelmäßig verliert, macht das Tragen Sinn. Meistens finden die Menschen das jeweils für sich selbst heraus. Oft getragen werden die Schienen beispielsweise beim Bügeln, auf langen Autofahrten oder beim Sport. Eine Frau in meiner Praxis hat ihre Schiene bei der Arbeit immer in der Handtasche dabei und hat gelernt, den Augenblick zu erkennen, ab dem der Bürostress ihr so zusetzt, dass sie sie benötigt. In solchen Situationen können allerdings auch andere Entspannungstechniken zum Einsatz kommen, wie wir sie bereits erwähnt haben. Zum Erlernen dieser Methoden gibt es glücklicherweise schon viele Sachbücher, Kurse und sogar Apps, die man zur Unterstützung heranziehen kann.

Die Schienentherapie wirkt am besten, wenn man sie in intensiver interdisziplinärer Zusammenarbeit mit Physiotherapeuten/Physiotherapeutinnen mit einer Ausbildung in manueller Therapie einsetzt. Die manuelle Therapie – meistens in Kombination mit Wärme – kann vom Zahnarzt oder der Zahnärztin verschrieben werden. Hier gilt, was bereits an vielen Stellen erwähnt wurde, es ist jedoch in der Therapie der craniomandibulären Dysfunktion von noch größerer Bedeutung: Nur in einer vertrauensvollen, engen und authentischen Zusammenarbeit mit dem Physiotherapeuten/der Physiotherapeutin kann den betroffenen Menschen optimal geholfen werden.

Nicht nur mit dem Physiotherapeuten, auch mit anderen Fachdisziplinen ist die Zusammenarbeit oder zumindest die Kommunikation sinnvoll. In der Wirtschaft hat sich das Modell des „Netzwerkens" ja schon bewährt. So sind auch wir als Heiler angehalten, Netzwerke miteinander aufzubauen, um die Menschen, denen wir helfen wollen, optimal zu versorgen. Um die craniomandibuläre Dysfunktion zu verstehen und zu behandeln, brauchen wir wieder ein ganzes Dorf von Fachleuten. Damit es keine Gewichtung in der Bedeutung des Beitrags gibt, zähle ich sie in alphabetischer Reihenfolge auf: Allgemeinärzte, Atemtherapeuten, Augenärzte, HNO-Ärzte, Kiefer-orthopäden, Kinderärzte, Logopäden, Orthopäden, Physiotherapeuten, Psychologen, Radiologen, Schmerztherapeuten, Zahnärzte ...

Möglicherweise könnte man die Liste noch erweitern. Auf einige Zusammenhänge, die die Zusammenarbeit mit den jeweiligen Disziplinen betreffen, gehe ich am Ende des Buches noch einmal ein.

Wir gehen nun zu einem Thema über, das mir selbst Gänsehaut verursacht: dem Zahntrauma. Wer eigene Kinder hat, weiß, wovon ich spreche. Man ist ständig in Sorge darum, dass ihnen etwas zustößt. In diesen Situationen adäquat und bestmöglich zu reagieren, ist für den Erhalt des betroffenen Zahnes oder der betroffenen Zähne von entscheidender Bedeutung.

2.5 Rund um das Zahntrauma

Man hat einen Augenblick nicht hingesehen oder es geschieht vor den eigenen Augen: Das Kind entdeckt gerade mit noch etwas unsicherem Gang diese wunderbare aufregende Welt des nahegelegenen Waldes und stolpert über einen herumliegenden Ast. Oft geht es glimpflich aus, aber manchmal landet es direkt auf dem Gesicht. Die Lippe blutet und beim genaueren Hinsehen blutet es auch im Mund, direkt oberhalb des einen oberen mittleren Milchschneidezahnes.

Es gibt drei sogenannte „Altersgipfel" für Zahntraumata, die – mit etwas Galgenhumor – von den Zahnärzten als die „laufen – raufen – saufen"-Phasen beschrieben werden. Das ist das Alter zwischen dem ersten und dritten, dem achten und zwölften sowie dem 12. und 18. Lebensjahr. Ein Drittel der Vorschulkinder erleiden ein Zahntrauma, bei den Schulkindern sind es ein Viertel und im restlichen Leben betrifft es immer noch ein Drittel der Erwachsenen. Am häufigsten sind dabei die oberen mittleren Schneidezähne betroffen, die seitlichen etwas seltener, alle anderen Zähne trifft es kaum.

Da die Versorgung verletzter Zähne in der Regel kein tägliches Geschehen in unserer zahnärztlichen Praxis ist, erlangen wir im Allgemeinen keine Routine darin. Dabei ist es jedoch von größter Bedeutung, dass die allererste Reaktion darauf stimmig ist, da sie über den Erfolg aller weiteren Behandlungen entscheidet.

Bei einem Zahnunfall werden nicht nur die Zähne selbst, sondern in der Regel auch die benachbarten Strukturen in Mitleidenschaft gezogen. Das sind die beteiligten Zahnhalteapparate (die Parodontien), das Zahnfleisch (die Gingiva), die Kieferfortsätze des entsprechenden Kiefers, manchmal die Kiefergelenke und in seltenen Fällen der ganze Gesichtsschädel. Außerdem müssen das Entwicklungsstadium der Zähne, des Körpers und des Kiefers mit berücksichtigt werden. Daraus ergibt sich eine Anzahl von mehr als hundert verschiedenen Möglichkeiten für ein Zahntrauma und sie alle bedürfen einer individuellen Behandlung. Es gibt sogar eine Zahntrauma-App, die Zahnärzten den Umgang mit diesen Situationen erleichtern soll.

Fangen wir wieder bei der Vorbeugung an. Jeder von uns treibt gerne Sport und für Kinder ist es ganz besonders wichtig, dass sie schon früh mit körperlicher Betätigung in Kontakt kommen. Viele Sportarten sind allerdings mit Risiken verbunden, zum Beispiel Fußballspielen, Inlineskaten, Skateboarden, Rugby, Basketball oder Kampfsportarten. Oft ist es selbstverständlich, dass andere Körperteile durch Helme, Knie- und Schienbeinprotektoren geschützt werden, Zähne, Zunge und andere Weichteile des Mundes stehen aber nicht immer im Fokus der Aufmerksamkeit. Durch das Tragen von Sportmundschutzen kann solchen Sportverletzungen wirksam entgegengesteuert werden. Es gibt sogar eine wissenschaftliche Stellungnahme der DGZMK, die als Informationsquelle von Sporttreibenden, ihren Eltern und Trainern genutzt werden kann.

Ein Zahntrauma im Milchgebiss erleiden wie schon erwähnt etwa ein Drittel aller Kinder. Glücklicherweise bleibt es meistens ohne Folgen für die bleibenden Zähne. Nur in ganz seltenen Fällen kann der darunter liegende Zahnkeim einen Schaden davontragen.

Dramatischer wird es, wenn es um die bleibenden Zähne geht. Der schlimmste aller Fälle ist, dass einer oder mehrere Zähne vollständig ausgeschlagen werden. Hier gibt es zum Glück auch schon viel Aufklärung bezüglich der sogenannten Zahnrettungsboxen. Viele Schulen, Sportvereine und natürlich auch alle Zahnarztpraxen und Apotheken haben immer eine Zahnrettungsbox vorrätig, wenn die unglückliche Situation eines Zahnunfalls eintreffen sollte. In so einer Box überleben ausgeschlagene Zähne bis zu 24 Stunden bevor ein – am besten in Zahntraumata erfahrener – Zahnarzt den Zahn wieder an seine Stelle einbringen kann. Ist gerade keine Zahnrettungsbox in der Nähe, kann der Zahn kurzfristig in einem sauberen Gefäß in H-Milch oder Kochsalzlösung gelagert werden; wichtig ist, dass er feucht bleibt.

Ich habe eine solche Situation bisher nur zwei Mal erlebt: Beim ersten Mal hat ein Schlägertrupp von Halbwüchsigen meinem kleinen Bruder beide mittleren oberen Frontzähne ausgeschlagen. Man hat versucht, sie wieder einzusetzen, aber er hat sie trotzdem für immer verloren. Eine Brücke musste sie ersetzen. Beim zweiten Mal landete ein mittlerer Frontzahn der Tochter einer meiner Helferinnen nach der Schwimmbadrutsche im Schwimmbecken. Bevor der Papa den Zahn fand, barg er noch einen Ohrring und einen Ring aus dem Chlorwasser. Dieser Zahn ist bisher – die junge Frau ist inzwischen schon zweiundzwanzig – noch immer in ihrem Mund.

Das Hauptziel jeder Primärtherapie ist der Erhalt des Zahnes, darauf wird immer zuallererst der Fokus gerichtet. Egal, ob er ganz ausgeschlagen, gelockert, verschoben oder ein Teil davon abgeschlagen ist – ein Versuch des Erhalts lohnt immer. Ob er in einer zweiten Phase erhalten werden kann oder nicht, muss gemeinsam mit dem Zahnarzt/der Zahnärztin entschieden werden.

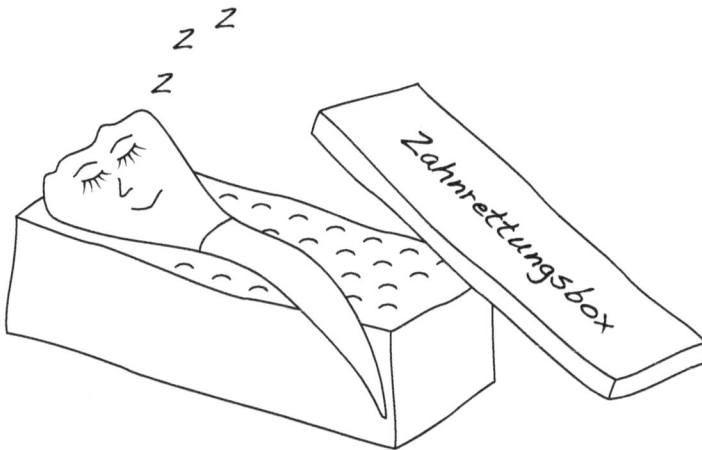

In einer Zahnrettungsbox schlafender Zahn.

Es gibt noch eine zweite schwierige Entscheidung, die getroffen werden muss: Kann der Zahn vital, also ohne eine Wurzelbehandlung erhalten werden oder nicht? Wie wir es schon bei dem Thema Karies erfahren haben, kann ein Zahn nämlich auch als Folge eines Traumas eine Pulpitis, eine Pulpengangrän oder auch eine apikale Parodontitis entwickeln. Auf alle wie bereits erwähnt über hundert möglichen Situationen einzugehen, würde den Rahmen dieses Buches sprengen. Wie in jedem Fall ist es hier wiederum wichtig, frühzeitig mit allen Fachabteilungen eng und kollegial zusammenzuarbeiten.

Im nächsten Kapitel geht es um – zum Glück – noch etwas seltenere Krankheitsfälle, mit denen wir in unserer Zahnarztpraxis in Kontakt kommen: den potentiell bösartigen oder gar bösartigen Erkrankungen der Mundschleimhaut und der umliegenden Gewebe. Auch diese sehen wir nur relativ selten und auch hier gilt schnelles Reagieren als besonders wichtig für die Prognose.

2.6 Rund um unsere Mundschleimhaut

Wie wir es bereits erwähnt haben, gehört zu jeder zahnärztlichen Untersuchung auch die Inspektion des Zahnfleischs (der Gingiva), der Mundschleimhäute, der Zunge und der Lippen. Das bedeutet, dass sich auch jene Menschen, die keine eigenen Zähne mehr im Mund haben, mindestens ein Mal jährlich bei ihrem Zahnarzt/ihrer Zahnärztin vorstellen sollten. Denn dies ist gleichzeitig eine Krebsvorsorge, wie sie inzwischen beim Frauenarzt, Gastroenterologen, Hautarzt oder HNO-Arzt ab einem bestimmten Lebensalter selbstverständlich geworden ist.

Etwa vier Prozent der Männer und ein Prozent der Frauen weisen beispielsweise sogenannte leukoplakische Mundschleimhautveränderungen auf, die ein Potential zur

Entartung, also zur Entwicklung von Mundhöhlenkarzinomen haben. Je früher man diese Veränderungen beobachtet und gegebenenfalls behandelt, umso besser ist die Lebenserwartung.

In Deutschland erkranken jährlich etwa 13.000 Menschen an Mundhöhlenkrebs, etwa drei Viertel davon sind Männer. Damit steht diese Krebserkrankung bei Männern an der 9. Stelle aller bösartigen Tumoren. Die Anzahl der Krebserkrankungen der Mundhöhle steigt aktuell weltweit an und auch Frauen sind zunehmend betroffen. Die Gründe für die Entstehung von Mundhöhlenkrebs sind wie bei den meisten Tumorarten noch nicht eindeutig erforscht, jedoch scheinen Rauchen sowie übermäßiger Alkoholgenuss Risikofaktoren zu sein. Außerdem werden Viren mit seiner Entstehung in Zusammenhang gebracht, vor allem Humane Papillomviren (HPV).

Leider erhalten viele Menschen mit dieser Erkrankung erst in einem fortgeschrittenen Stadium eine Diagnose. Dies könnte auch die mit nur 50 Prozent recht geringe 5-Jahres Überlebensrate erklären. Wie bereits erwähnt sieht ein einzelner Zahnarzt in seiner Berufstätigkeit nur sehr selten eine bösartige Veränderung der Mundschleimhaut und bekommt damit keine Routine in seiner Erkennung. Deshalb gilt: lieber einmal zu viel bei Verdachtsfällen zu einem Mund-Kiefer-Gesichtchirurgen oder in eine spezialisierte Klinik überweisen. Außerdem sollten wir Zahnärzte regelmäßig Fortbildungen zu diesem Thema besuchen, um darauf gut vorbereitet zu sein.

Dass sich diese zum Glück ziemlich seltenen Erkrankungen unseres Mundes auf unsere Allgemeingesundheit auswirken und in so vielen Fällen sogar lebensbedrohlich sind, ist allzu offensichtlich. Viel weniger offensichtlich sind die vielen Zusammenhänge zwischen unserer Mundgesundheit und anderen Allgemeinerkrankungen wie Diabetes, Herz-Kreislauf-Erkrankungen und vielen mehr. Dazu gibt es inzwischen immer mehr wissenschaftliche Evidenz und es kommen immer noch neue und überraschende Einsichten hinzu.

3 Zusammenhänge zwischen Allgemein- und Mundgesundheit

Jetzt, da Sie einen guten Überblick über die Strukturen und Vorgänge in unserer Mundhöhle haben, gehen wir einen Schritt weiter und schauen uns an, wie sich diese auf die Gesundheit unseres ganzen Körpers auswirken.

Die bis zu handtellergroße Wunde in unserem Mund, die eine marginale Parodontitis darstellt, hat vielfältige Auswirkungen auf unseren gesamten Organismus. Am besten erforscht ist der Zusammenhang zwischen Diabetes und Parodontitis.

3.1 Diabetes und Mundgesundheit

Vor nicht einmal 100 Jahren war Diabetes noch eine unheilbare Krankheit. Die Erkrankung wurde zum ersten Mal im 6. Jahrhundert v. Chr. von Sushruta, dem ersten indischen Chirurgen in den von ihm überlieferten Texten – dem Sushruta Samhita – beschrieben. Den Namen „diabétes" verlieh ihr der griechische Arzt Aretaios um 100 n. Chr. und beschreibt es so: „Der Diabetes ist eine rätselhafte Erkrankung" und es „ist ein furchtbares Leiden, nicht sehr häufig beim Menschen, ein Schmelzen des Fleisches und der Glieder zu Harn … Das Leben ist kurz, unangenehm und schmerzvoll, der Durst unstillbar, … und der Tod unausweichlich." 1675 beschreibt Thomas Willis, ein englischer Arzt und einer der Mitbegründer der Royal Society of London, den Geschmack des Urins bei Diabetikern als „honigsüß", daher rührt die Bezeichnung „mellitus". Dass Ärzte den Urin der Menschen, die sie behandelten, kosteten, war damals selbstverständlich.

Bis in die 20er-Jahre des letzten Jahrhunderts war die Diagnose Diabetes ein Todesurteil. Dies änderte sich mit der Entdeckung des Insulins, einer der größten Durchbrüche der modernen Medizin. Obwohl die Substanz bereits 1916 aus der Bauchspeicheldrüse von Rindern isoliert werden konnte und bei einem diabetischen Hund wirksam war, wurde erst im Frühjahr 1922 das erste Menschenleben damit gerettet: das des 13-jährigen Leonard Thompson aus Toronto. Im Juli des gleichen Jahres begann die Behandlung des 5-jährigen Teddy Ryder aus New Jersey – er wog zu jenem Zeitpunkt nur noch 12,5 Kilogramm. Als er 1993 im Alter von 76 Jahren starb, war er der erste Mensch der Welt mit einer 70 Jahre dauernden Diabetes-Lebenszeit und dadurch eine Berühmtheit.

Was ist eigentlich dieses Wundermittel Insulin, bei dem heute noch gestritten wird, wer es eigentlich entdeckt hat?

Es ist ein ganz kleines Protein, das in unserer Bauchspeicheldrüse gebildet wird. Insulin trägt dazu bei, dass unser Blutzucker kontinuierlich im Gleichgewicht bleibt. Dabei überlebt so ein Molekül nur etwa 5 bis 15 Minuten, wir brauchen in unserem Leben also Unmengen davon.

https://doi.org/10.1515/9783111026299-003

Dieses Gleichgewicht ist sehr sensibel: zu wenig Zucker im Blut ist besonders für unser Gehirn gefährlich, das darauf als Energiequelle angewiesen ist. Eine schwere Unterzuckerung ist sogar lebensbedrohlich. Zu viel Zucker wiederum schädigt Blutgefäße und Nerven und dies wirkt sich auf wichtige Organe unseres Körpers aus, insbesondere auf das Herz-Kreislauf-System, die Augen, die Nieren und das Nervensystem. Und auch den Zahnhalteapparat, wie wir im Folgenden noch sehen werden.

Wie schafft dieses kleine Molekül Insulin es denn, in unserem Körper so wichtig zu sein? Wenn wir etwas essen – über das Kauen, Schlucken und die Verdauungsenzyme in unserem Mund wissen wir ja inzwischen auch schon einiges – wird unsere Nahrung auf ihrem weiteren Weg durch unseren Körper in immer kleinere Bausteine aufgespalten. Diese werden über die Schleimhaut unseres Dünndarms ins Blut aufgenommen. Die Oberfläche unserer Dünndarmschleimhaut ist durch ihre Fältelung riesig. Man hat ausgerechnet, dass sie etwa 400 bis 500 Quadratmeter beträgt, also etwa die Größe von zwei Tennisplätzen. Die Kohlenhydrate, die wir essen, zum Beispiel aus Brot oder Obst, werden unter anderem in Glukose (Traubenzucker) aufgespalten. Jeder weiß, wie Glukose schmeckt, es gibt sie als kleine süße Bonbons, die in der Apotheke an die Kinder verschenkt werden.

Über das Blut wird die Glukose überall in unserem Körper verteilt, wir brauchen sie zur Energiegewinnung. Sie ist sozusagen der Treibstoff für unsere Zellen. Allein unser Gehirn verbraucht rund zehn Esslöffel Glukose am Tag. Ohne Glukose könnten wir nicht atmen, denken, laufen oder lachen.

Normalerweise befinden sich zu jeder Zeit etwa 80 bis 120 Milligramm Glukose in 100 Millilitern Blut, das sind auf unseren ganzen Körper hochgerechnet etwa ein bis zwei Teelöffel.

Insulin ist ein Hormon. Als Hormone werden all jene Substanzen unseres Körpers bezeichnet, die an einer Stelle gebildet werden und deren Wirkung sich auf andere Bereiche in uns entfaltet. Sie sind sozusagen Nachrichtenüberbringer oder Boten. Die Aufgabe des Insulins ist es, wie ein Schlüssel die Tür zu den Zellen zu öffnen, in denen Glukose aufgenommen werden soll. Dabei dockt es an den sogenannten Insulinrezeptoren an. So schleust es die Glukose vor allem in die Zellen der Muskeln, der Leber, der Nieren und des Fettgewebes. Nur unser Gehirn kann Glukose direkt, also ohne Zutun von Insulin aufnehmen. Daher ist ein Blutzuckerabfall wie schon besprochen besonders für unser Gehirn ein Alarmzustand. Fließt wiederum zu viel Glukose durch unser Blut, sorgt Insulin dafür, dass es in Form von Glykogen in der Leber und in unserer Muskulatur gespeichert wird.

Benötigt unser Körper erneut Energie, obwohl wir schon länger nichts gegessen haben, greift er auf diese Glykogenspeicher zurück. Dafür müssen diese jedoch von der Leber erneut in Glukose umgewandelt werden. Außerdem kann die Leber selbst Glukose herstellen – bis zu 500 Gramm am Tag –, die sie an die Blutbahn abgibt. Obwohl es in diesen Regelkreisen noch andere Hormone und Mechanismen gibt, auf die ich hier nicht näher eingehen möchte, ist Insulin die einzige Substanz, die den Blutzucker senken kann.

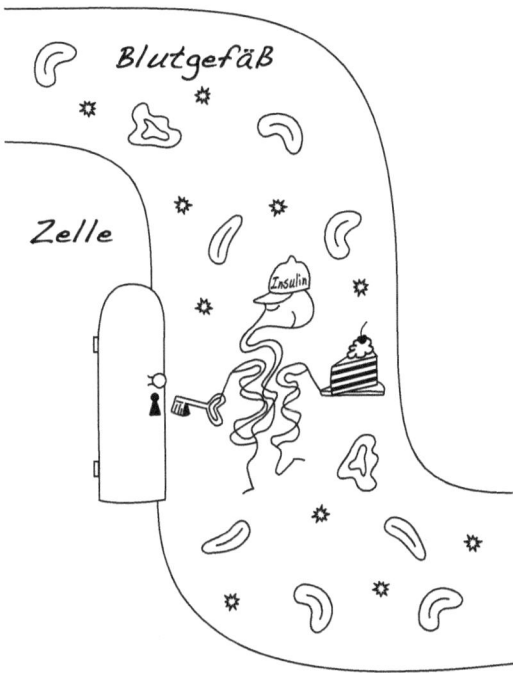

Insulin als Bote – der Schlüssel passt.

Neben dieser „Schlüssel"-Funktion hat Insulin außerdem noch andere Aufgaben. So wirkt es zum Beispiel auf unser Appetitempfinden oder hemmt den Abbau von Fettgewebe. All das, was im Gesunden auf so wunderbare Weise zusammenspielt, ohne dass wir je darüber nachdenken müssen, gerät bei einem Diabetes ins Ungleichgewicht.

Man unterscheidet zwei Hauptformen des Diabetes, die eigentlich zwei unterschiedliche Erkrankungen darstellen, sich aber in den Symptomen und der Therapie ähneln. Beim Typ-1-Diabetes hört die Bauchspeicheldrüse ganz auf, Insulin zu produzieren. Beim Typ-2-Diabetes wirkt das Insulin weniger gut, einerseits durch eine zu geringe Bildung, andererseits aber auch, weil die Zellen nicht mehr richtig auf das Insulin reagieren. Es ist, als würde der Schlüssel nicht mehr richtig ins Schloß passen. Man spricht von einer Insulinresistenz.

Wie die Parodontitis wird der Diabetes als Volkskrankheit bezeichnet. Die Anzahl der Erkrankten wächst hierzulande seit den ersten Erhebungen Anfang der 60er-Jahre kontinuierlich und besorgniserregend. Aktuell sind es laut dem Diabetes Atlas der International Diabetes Federation (IDF) etwa 15,3 Prozent der Erwachsenen, das sind ungefähr 9,5 Millionen Menschen. Typ-1-Diabetes kommt in etwa 10 Prozent, Typ-2-Diabetes in etwa 90 Prozent der Fälle vor.

Weltweit wird die Zahl der von Diabetes betroffenen Menschen auf 537 Millionen geschätzt, jährlich sterben 6,7 Millionen (Stand 2021). Aus noch unbekannten Gründen wächst auch die Zahl der Typ-1-Diabetesfälle.

Während der Typ-1-Diabetes als Autoimmunerkrankung angesehen wird und Vererbung eine größere Rolle zu spielen scheint, handelt es sich beim viel verbreiteteren

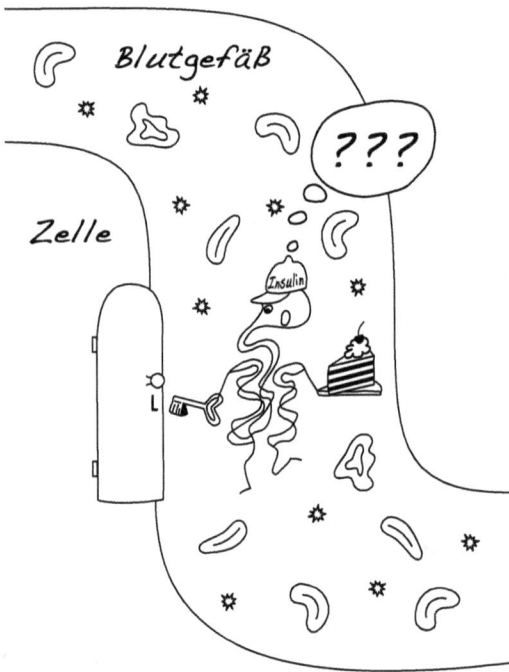

Insulin als Bote – der Schlüssel passt nicht.

Typ-2-Diabetes um eine „Zivilisationskrankheit", die mit unserem westlichen Lebensstil in Zusammenhang gebracht wird.

Noch in den 90er-Jahren nannte man den Diabetes Typ 2 auch verharmlosend „Altersdiabetes", da er in der Regel erst im höheren Alter auftrat. Leider ist das heutzutage nicht mehr so. Er trifft inzwischen zunehmend jüngere Menschen und sogar Kinder. Demzufolge besteht auch die Gefahr von massiven Gesundheitsschäden bei einer so frühen Erkrankung.

Sehr heimtückisch ist, dass Diabetes in einer frühen Phase keinerlei Symptome aufweist. Man geht aktuell davon aus, dass zwischen dem Auftreten der Erkrankung und der Diagnose sechs bis sieben Jahre vergehen. Die Vorstufe der Erkrankung wird als Glukosetoleranzstörung bezeichnet. Hier liegen die sogenannten glykämischen Parameter (Blutzuckerwerte) bereits über den Normalwerten, erreichen aber noch nicht den Schwellenwert, der für die Erkrankung definiert wurde. Auch hier steigen die Fallzahlen Jahr für Jahr weltweit an. 5 bis 10 Prozent der Menschen mit einer Glukosetoleranzstörung entwickeln jährlich einen Diabetes.

Die Phase zwischen dem Auftreten und der Diagnose ist selbstverständlich besonders gefährlich, da sich hier zumindest zeitweise zu viel Zucker im Blut befindet. Je länger diese Phase andauert, umso größer die möglichen Schäden an Augen, Nieren, Blutgefäßen, Nerven und am Herzen.

Wie bei der Parodontitis geht man von einem multifaktoriellen Geschehen aus, das zu Diabetes Typ 2 führt. Zu genetischen Ursachen gesellen sich Faktoren, die wie

„Evolution".

bereits erwähnt mit unseren zivilisationsbedingten Ernährungs- und Bewegungsge-
wohnheiten zusammenhängen.

Unsere Körper, die einstmals in der Gesellschaft der Jäger und Sammler zum
Bewältigen weiter Strecken und dem Anlegen lebensnotwendiger Fettdepots zur Über-
windung von Hungerphasen geschaffen wurden, leiden unter dem Zuviel an Essen
und dem Zuwenig an Bewegung.

Wie bei der Parodontitis liegt der Fokus der Behandlung auf der Aufklärung. Wie
es uns schon Paracelsus gelehrt hat: Die Heiler sind wir selbst. Je besser wir verstehen, was in uns vorgeht, umso besser können wir heilen. So einfach sieht es in der
Praxis allerdings nicht aus. Wie schwierig es sein kann, seine Ernährung umzustellen
und gesünder zu essen, darauf bin ich schon früher eingegangen. Und auch hier
will ich nicht näher auf das sehr komplexe Thema Ernährungsberatung bei Diabetes
eingehen, zumal noch keine Klarheit darüber herrscht, welche Ernährung dabei optimal ist. Auch mit der Bewegung ist es nicht ganz so einfach. Jeder von uns weiß, dass
Bewegung in vieler Hinsicht gesund ist und findet doch immer wieder Ausreden dafür, sie auch auszuführen. Wir können da sogar unglaublich erfinderisch sein. Als
amerikanische Firmen ihren Mitarbeitern einen Bonus versprachen, wenn sie eine
bestimmte Anzahl von Schritten nachweisen konnten, kamen manche von ihnen auf
die Idee, den Schrittzähler ihrem Hund anzulegen.

Kommen wir aber endlich zu den Zusammenhängen zwischen Diabetes und
Mundgesundheit. Das Buch, das ich wie schon erwähnt bei meiner Recherche für
einen Artikel zu dem Thema entdeckt habe, wurde bereits 1908 veröffentlicht. Wie
wir wissen, war Diabetes zu jener Zeit noch unheilbar und ein sehr frühzeitiges Erkennen noch wichtiger als heute, wo wir viele Medikamente und das lebenswichtige
Insulin zur Verfügung haben. Das Buch heißt „Die Technik der Harnuntersuchung und
ihre Anwendung in der zahnärztlichen Praxis" und der Autor ist Georg Guttmann.
Ich zitiere daraus: „Die Zahnerkrankungen geben häufig dem Zahnarzt die erste Ver-
anlassung, den Harn auf Zucker zu untersuchen und den Diabetes zu entdecken.
Dadurch, dass man diese Patienten sofort einem Arzt zur Behandlung überweist,
bringt man ihnen in doppelter Weise Nutzen, und zwar erstens dadurch, daß die
bisher unbekannt gewesene Allgemeinerkrankung durch das frühzeitige Erkennen
und die sofortige Behandlung schneller und sicherer zur Heilung gebracht werden

Ein Mensch in der Hängematte, sein Hund trägt seinen Schrittzähler.

kann, als wenn sie noch länger unbeachtet geblieben wäre, und andererseits, weil auch das Zahnleiden nur in Verbindung mit der Behandlung der Allgemeinerkrankung gebessert oder dauerhaft geheilt werden kann."

Obwohl man es also schon so lange weiß, werden die beiden Volkskrankheiten Diabetes und Parodontitis noch sehr selten interdisziplinär behandelt. Seit 2012 arbeiten die Vertreter vieler Fachgesellschaften an der Leitlinie „Diabetes und Parodontitis", der geplante Fertigstellungstermin ist Dezember 2023.

Die beiden chronischen Erkrankungen sind wechselseitig miteinander verbunden. Einerseits wirkt sich die Entzündung bei einer Parodontitis – wie wir gesehen haben eine bis zu handtellergroße Wunde – auf den Blutzuckerspiegel im Blut aus. Dabei entstehen nämlich Stoffe, die den Mechanismus der Bindung von Insulin an die Insulinrezeptoren der einzelnen Zellen stören. Der Schlüssel passt also nicht mehr richtig, es entwickelt sich die bereits erwähnte Insulinresistenz. Dadurch wird die Aufnahme der Glukose in die Zellen verhindert und der Blutzucker bleibt erhöht. Liegt schon ein Diabetes vor, erschwert die Parodontitis die Blutzuckerkontrolle und erhöht dadurch das Risiko für Begleiterkrankungen.

Aber es kann umgekehrt auch ein Diabetes zur Verschlechterung der Parodontitis führen. Dabei spielen vor allem chemische Verbindungen aus Zucker und Proteinmolekülen eine Rolle. Zum Beispiel bindet Glukose sich an den Blutfarbstoff Hämoglobin, der in unseren roten Blutkörperchen zum Sauerstofftransport durch die Blutbahn benutzt wird. Der Anteil des Hämoglobins, der an Glukose gebunden ist, wird als HbA1c bezeichnet und ist ein wichtiger diagnostischer Wert in der Diabetologie. Man spricht auch vom „Langzeit-Blutzucker", da er das Blutzuckerniveau der letzten 8–12 Wochen (der durchschnittlichen Lebensdauer der roten Blutkörperchen) beschreibt. Dieser prozentual angegebene Wert spielt in der interdisziplinären Kommunikation mit allen Fachdisziplinen, die die Menschen mit Diabetes betreuen, eine große Rolle.

Hält die Blutzuckererhöhung an, verbinden sich auch andere Eiweißmoleküle mit der im Blut zirkulierenden Glukose und es entstehen sogenannte AGE's (Advanced Glycation End Products), die entzündliche Erkrankungen wie Parodontitis auf unterschiedliche Art und Weise fördern. Werden diese AGE's von Körperzellen erkannt – zum Beispiel von weißen Blutkörperchen oder Zellen der Gefäßwand –, löst dies die Bildung von entzündungsfördernden Botenstoffen aus. Durch diese Botenstoffe werden zum einen weitere Entzündungszellen herbeigerufen, andererseits verschlechtern sie die Wundheilung. Beides beschleunigt die Zerstörung des Zahnhalteapparates (Parodonts). Es gibt noch andere Mechanismen, die in diesem Zusammenhang diskutiert werden und die Forschung daran dauert weiter an.

In klinischen Studien konnte gezeigt werden, dass Diabetiker mit einer Parodontitis höhere HbA1c-Werte aufweisen als parodontal gesunde und dass der Schweregrad der parodontalen Erkrankung mit der Blutzuckereinstellung korreliert (in wechselseitiger Beziehung steht).

Durch eine interdisziplinäre Herangehensweise erreicht man also Erfolge in zwei Richtungen. Einerseits wirkt sich die Parodontitis-Behandlung günstig auf den Blutzucker von Diabetikern aus. Wie in einer Meta-Analyse von mehreren Studien gezeigt werden konnte, lag die Senkung des HbA1c- Wertes bei Typ-2-Diabetes drei Monate nach nichtchirurgischer Parodontitis-Therapie zwischen 0,4 und 0,5 Prozent. Das entspricht klinisch dem Hinzufügen eines Medikaments zu einer pharmakologischen Therapie bei Diabetes.

Dies erlebe ich selbst auch regelmäßig in meiner Praxis. Ich erinnere mich an einen Mann, der sich wegen seines Diabetes seit Jahren Insulin spritzte und der vier Wochen nach der Parodontitis-Behandlung wieder vorstellig wurde. Er berichtete verwundert, dass er seine Insulindosis auf ein Drittel reduziert hatte. Ein anderer war ganz erstaunt darüber, dass er jetzt drei Leberwurstbrote essen konnte, ohne dass sein Blutzucker anstieg.

Andererseits sichert eine gute Blutzuckereinstellung den Langzeiterfolg einer Parodontitis-Therapie. In weiteren Studien konnte gezeigt werden, dass Parodontitis das Risiko für diabetes-assoziierte Komplikationen erhöht. Bei Typ-2-Diabetikern mit schwerer Parodontitis war im Vergleich mit parodontal gesunden oder parodontal leicht erkrankten Diabetikern die Sterblichkeit aufgrund einer koronaren Herzkrankheit 2,3fach erhöht, mit einer diabetischen Nephropathie (Nierenerkrankung) 8,5fach.

Ich erinnere mich noch lebhaft an unsere erste interdisziplinäre Fortbildung im St.-Josefshaus in Heidelberg mit dem Thema „Diabetes und Parodontitis". Der Referent, der das Thema aus parodontologischer Sicht vorstellte, zeigte anhand von Studien all diese Zusammenhänge auf. Ein Kollege aus dem Auditorium fragte den Referenten, ob man also das Leben eines Menschen mit Parodontitis verlängern könne, wenn man ihm alle Zähne entfernt. Die Antwort war sinngemäß: „Ja, das ist so. Man würde aber einem Menschen, der Fußpilz hat, auch nicht den Fuß abhacken, damit er seinen Fußpilz los ist." Dabei musste ich an meine Oma denken, die ja 54 Jahre zahnlos gelebt hatte und das stolze Alter von 96 Jahren erreichte. Sie hat nie Medikamente genommen und hatte bis in ihre letzten Lebensjahre hinein keine schweren Erkrankungen.

Parodontal erkrankte Diabetiker mit guter Blutzuckereinstellung können wie Nichtdiabetiker in der Zahnarztpraxis erfolgreich parodontal behandelt werden. Bei einer schlechten Blutzuckereinstellung empfiehlt es sich, zuerst die Vorbehandlung durchzuführen – also professionelle Zahnreinigung und Mundhygieneinstruktion – und in Zusammenarbeit mit dem Hausarzt, Internisten oder Diabetologen eine bessere Einstellung der Blutzuckerwerte anzustreben. Danach kann die Behandlung wie gewohnt stattfinden und die Ergebnisse können ebenfalls erfolgreich aufrechterhalten werden.

Wie wir bereits gesehen haben, schädigt zu viel Glukose im Blut unter anderem Herz und Blutgefäße. Aber eine Parodontitis wirkt sich auch direkt auf unser Herz-Kreislauf-System aus. Darum geht es im folgenden Kapitel.

3.2 Herz-Kreislauf-Erkrankungen und Mundgesundheit

Während Sie diesen Text lesen, schlägt Ihr Herz unaufhörlich und ganz ohne dass Sie es bewusst kontrollieren müssen. Im Durchschnitt schlägt es 70 Mal in einer Minute, 5.000 Mal pro Stunde, 100.000 Mal am Tag, mehr als drei Milliarden Mal, wenn Sie 80 Jahre alt werden sollten (oder schon sind). Ihr Herz hat bisher etwas öfter geschlagen, wenn Sie eine Frau sind und etwas seltener, wenn Sie sehr sportlich sind.

Herz-Kreislauf-Erkrankungen sind weltweit immer noch die häufigste Todesursache. Man kann im Internet eine Weltbevölkerungsuhr verfolgen, in der auch die fünf häufigsten Todesursachen angegeben werden. Heute ist der 23. Oktober 2022. Schauen wir mal auf diese Uhr: Bisher sind in diesem Jahr über 50 Millionen Menschen verstorben, davon rund 8 Millionen an koronarer Herzkrankheit und 5,5 Millionen an einem Schlaganfall. Das sind etwa ein Viertel aller Todesfälle. Immer noch überlebt jeder zweite Mensch einen Herzinfarkt nicht oder stirbt an seinen Folgen.

Die Ursache der Herz-Kreislauf-Erkrankungen ist die Arteriosklerose oder Atherosklerose (auch Arterienverkalkung genannt). Genaugenommen gibt es zwischen den beiden Bezeichnungen einen Unterschied, obwohl sie in der Regel als Synonyme verwendet werden. Als Arteriosklerose werden sämtliche degenerativen (abbauenden) Erkrankungen der Arterien bezeichnet, der Begriff Atherosklerose fokussiert auf die Einlagerung atherosklerotischer Plaques in den Gefäßinnenwänden.

Obwohl es eine der häufigsten Erkrankungen überhaupt und weltweit die Todesursache Nummer eins ist, tappen die Wissenschaftler bezüglich der Entstehung der Atherosklerose immer noch im Dunkeln. 2016 hat die American Heart Association (AHA) gemeinsam mit Google angekündigt, einen 75-Millionen-Dollar-Preis an jene

Gruppe von Wissenschaftlern zu vergeben, die bereit ist, die Ursache der Atherosklerose zu finden und präventive Verfahren zu entwickeln. Nach und nach rücken Infektionen als Ursache immer mehr in den Fokus der wissenschaftlichen Forschung.

Interessant ist, dass der Streit um die Entstehung der Atherosklerose bis in die 50er Jahre des 19. Jahrhunderts zurückverfolgt werden kann. Auch heute ist man sich noch nicht einig darüber, welche Rolle Bakterien hierbei spielen.

Ein wesentlicher Risikofaktor für die Atherosklerose ist bekanntermaßen Bluthochdruck. Viele Menschen leben jahrelang mit erhöhtem Blutdruck und merken es nicht. Je länger er allerdings erhöht bleibt, umso stärker leiden das Herz und die Blutgefäße darunter. Durch den erhöhten Druck von innen verdicken und versteifen sich die Gefäßwände, die der Belastung standhalten müssen. Dadurch leidet auch die Durchblutung der Körpergewebe und lebenswichtige Organe werden schlechter mit Sauerstoff versorgt. Das Herz muss dadurch wiederum noch mehr arbeiten. Es wird ein Teufelskreis in Gang gesetzt, der den Blutdruck weiter in die Höhe treibt.

Bei der Atherosklerose handelt es sich um eine chronische Entzündung der Arterienwand, die meist schon in der Jugend anfängt und sich über Jahrzehnte hinweg entwickelt. Durch diese Entzündung verändert sich die Wand der Blutgefäße. Es bilden sich herdförmige Ansammlungen von Fettsubstanzen, komplexen Kohlenhydraten, Blut und Blutbestandteilen, Bindegewebe und Kalziumablagerungen, die sogenannten atherosklerotischen Plaques. In vielen solchen Plaques konnten Mikroorganismen detektiert (entdeckt) werden, unter anderem auch parodontal pathogene Bakterien. Wie wir es schon von den „Bakterienstädten" im Mund kennen, entwickelt sich auf dem Nährboden der atherosklerotischen Plaque ein Biofilm.

Das gesunde Endothel – das ist eine dünne Schicht aus Zellen, sogenannten Endothelzellen, die das Innere unserer Blutgefäße wie eine Tapete auskleidet – produziert unter anderem Stickstoffmonoxyd – dieser Stoff ist uns bereits beim Thema Nasenatmung begegnet und gilt als einer der ältesten Botenstoffe des menschlichen – und tierischen – Körpers.

Die Ursachen für einen Mangel an Stickstoffmonoxyd im Blut werden immer noch erforscht. Unter anderem hat es mit dem Cholesterinstoffwechsel zu tun, mit oxidativem Stress, es werden auch genetische Faktoren diskutiert. Jedenfalls wird ein zu wenig an Stickstoffmonoxyd als Auslöser einer endothelialen Dysfunktion angesehen. Dies ist eine Störung der vielfältigen Funktionen des Blutgefäßendothels, unter anderem die Gefäßweitenregulation, die Gefäßpermeabilität (-durchlässigkeit) sowie die Hemmung der Thrombozytenaggregation (Verklumpung der Blutplättchen, das sind die kleinsten Zellen des Blutes).

Die erhöhte Durchlässigkeit des Endothels ermöglicht das Eindringen von Bestandteilen des Blutplasmas, wie zum Beispiel LDL (Low-Density-Lipoprotein), man nennt es auch „schlechtes" Cholesterin im Gegensatz zum HDL (High-Density-Lipoprotein), welches als „gutes" Cholesterin bezeichnet wird. Über verschiedene Mechanismen wird dadurch eine Entzündungsreaktion ausgelöst, die zur Mobilisation von Immunzellen führt. Wieder herrscht Kriegszustand. Einige weiße Blutkörperchen, die durch

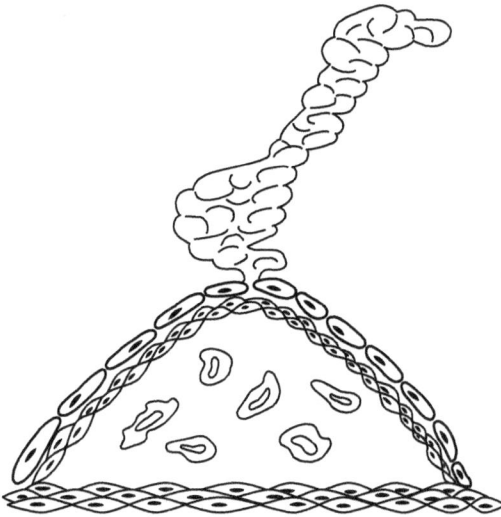

Atherosklerotische Plaque
als schlummernder Vulkan.

die Entzündung angelockt wurden, verwandeln sich in Fresszellen, die durch die Aufnahme von LDL oder „schlechtem" Cholesterin zu sogenannten Schaumzellen werden. Die Ansammlung solcher Schaumzellen in der Arterienwand ist als gelber Fleck oder als Streifen mehrlagiger Schaumzellen erkennbar, man nennt diese „fatty streaks" (fettige Streifen). Diese Schaumzellen sterben im weiteren Verlauf ab und bilden einen toten Kern im Inneren der Ablagerung, der sich durch das Hinzukommen weiterer Immunzellen noch vergrößert. Das Gewebe baut sich weiterhin um, ein Kaliummangel begünstigt darüber hinaus die Verkalkung der Muskelzellen. Über abgestorbenen Schaumzellen bildet sich ein „Deckel" aus glatten Muskelzellen und Bindegewebe – fertig ist die atherosklerotische Plaque oder das Atherom. Ich stelle mir die Atherome im Körper wie schlummernde Vulkane vor, man weiß nie, wann sie ausbrechen/aufbrechen.

Die bisher beschriebenen entzündlichen Vorgänge in der Gefäßwand führen wie schon erwähnt zu einer Verengung der Arterie, die wiederum zu einer Unterversorgung des entsprechenden Gewebes führt. Betrifft es die Herzkranzgefäße kommt es also zu einer Unterversorgung des Herzens. Natürlich kann es auch alle anderen Gewebe betreffen, wie das Gehirn, die Nieren oder die Gliedmaßen.

Die Vorgänge innerhalb der atherosklerotischen Plaque werden durch Entzündungsmediatoren im Blut – wie sie auch bei einer bestehenden Parodontitis vermehrt auftreten – verstärkt. Einige dieser Stoffe greifen das Bindegewebe der Gefäßwand an und zerstören es. Dieser Prozess setzt einen Teufelskreis in Gang: Die Ablagerungen führen zu einer weiteren Störung der Gefäßmotorik und der Strömungsverhältnisse und unterhalten dadurch die endotheliale Dysfunktion.

Infolge der Gewebszerstörung bricht die atherosklerotische Plaque schließlich auf. Wie ein Vulkan, der nach langer ruhiger Zeit an der Oberfläche im Inneren gebrodelt

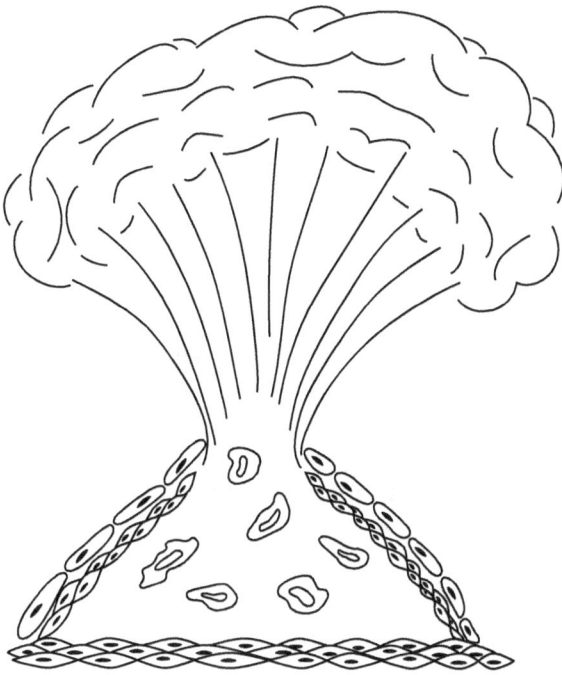

Der Vulkan bricht aus.

und gearbeitet hat und jetzt explodiert. Oder vielleicht wie ein Entzündungsherd, der aufbricht. Wie eine Vulkanexplosion ist auch dies lebensgefährlich.

Was genau dazu führt, ist bisher noch nicht gänzlich geklärt. Einige Wissenschaftler, die sich mit dem Biofilm in der atherosklerotischen Plaque beschäftigen, haben herausgefunden, dass Stresshormone wie beispielsweise Cortisol am Aufbrechen der in der Regel sehr stabilen Biofilme beteiligt sein könnten. Chronischer Stress gilt bekanntlich als einer der grundlegenden Faktoren für einen Herzinfarkt, darauf deuten auch erhöhte Cortisolwerte in den Haaren von Herzinfarktpatienten hin.

An der aufgebrochenen Wunde findet eine Blutgerinnungsreaktion statt, dadurch entsteht ein Pfropf. Dieser verengt das Gefäß weiter und kann sogar zu dessen vollständigem Verschluss führen. Dann droht ein Herzinfarkt oder – wenn es die Arterien im Gehirn betrifft – ein Schlaganfall.

Die Entzündungsstoffe, die von den geschädigten Endothelzellen abgegeben werden, verbreiten sich mit dem Blutstrom wiederum im ganzen Körper. Wie wir es schon vom Diabetes her kennen, verstärken diese Entzündungsmediatoren ihrerseits bereits bestehende Entzündungen im Körper, wie zum Beispiel eine Parodontitis. Ein weiterer Teufelskreis.

Die Zusammenhänge zwischen Parodontitis und Atherosklerose konnten in zahlreichen Untersuchungen nachgewiesen werden. Wie bereits beschrieben erhalten parodontal pathogene Bakterien und ihre Stoffwechselprodukte durch eine Parodontitis direkten Zugang in die Blutbahn. Hier interagieren sie mit unterschiedlichen Zellen im Gefäßsystem und können so die Entstehung der atherosklerotischen Plaques begünstigen.

In Studien konnte unter anderem gezeigt werden, dass Menschen mit einer Parodontitis ein höheres Risiko aufweisen, einen ersten Herzinfarkt zu erleiden, und zwar unabhängig von den anderen wesentlichen Risikofaktoren wie Diabetes, Rauchen, Übergewicht oder Bewegungsmangel. Eine dänische Studie aus dem Jahre 2016 hat gezeigt, dass Menschen mit einer Parodontitis ein doppelt so hohes Risiko für Herz-Kreislauf-Erkrankungen mit Todesfolge wie Herzinfarkte oder Schlaganfälle haben. Ihre Sterblichkeit war in einem Zeitraum von 15 Jahren sogar fast um das dreifache erhöht. Zudem wiesen sie mehr Begleiterkrankungen auf als Menschen ohne Parodontitis.

In einer anderen Studie aus dem Jahre 2014 konnten Wissenschaftler nachweisen, dass durch eine Parodontitis-Behandlung eine Absenkung des Blutdrucks erreicht werden kann. Zwölf Monate nach erfolgreich bekämpfter Parodontitis wiesen die Probanden elastischere Blutgefäße und einen niedrigeren Blutdruck auf.

Die chronischen Entzündungsprozesse in den Blutgefäßen sind also wie bei der Parodontitis reversibel, können also wieder rückgängig gemacht werden. Eine große Rolle spielt hierbei wie auch bei der Parodontitis die Ernährung. Eine Ernährung, die uns vor Herz-Kreislauf-Erkrankungen schützt, sollte ausreichend Kalzium, Vitamin C und D, mehrfach ungesättigte Fettsäuren und Ballaststoffe enthalten. Wir sind wieder bei der Ernährungsberatung angekommen.

Man sieht schon, all das hängt irgendwie zusammen. Es sind oftmals Folgen unseres „zivilisierten" Lebensstils und jeder von uns kann es mehr oder weniger beeinflussen. Und es betrifft vor allem Menschen im höheren Lebensalter. Um die Auswirkungen, die es auf die allerkleinsten von uns auch haben kann, geht es im nächsten Kapitel.

Lassen Sie uns jetzt, am Ende dieses Kapitels, noch einmal einen Blick auf unsere Weltbevölkerungsuhr werfen: In den 72 Minuten, in denen ich an diesem Text schreibe, sind 8.614 Menschen gestorben, davon 1.336 an einem Herzinfarkt und 953 an einem Schlaganfall.

Es sind allerdings auch 22.216 kleine Babys geboren. Mein Herz hat in dieser Zeit etwa 5.000 Mal geschlagen. Wie beruhigend.

3.3 Schwangerschaft und Mundgesundheit

Der Volksmund behauptet, jedes Kind koste die Mutter einen Zahn. Inzwischen weiß man, dass die Veränderungen, die im Körper einer Frau während der Schwangerschaft stattfinden, tatsächlich ein Risiko für die Zahngesundheit darstellen.

Sowohl das Kariesrisiko als auch das für gingivale und parodontale Erkrankungen ist hierbei erhöht. Das ist aber noch nicht alles: Tückischerweise können sich nämlich diese Erkrankungen ihrerseits auf den Verlauf der Schwangerschaft und das ungeborene Kind auswirken.

Aber der Reihe nach. Die Schwangerschaft kann eine der wunderbarsten Phasen im Leben einer Frau sein. Wie man weiß, geht sie mit vielen Veränderungen in ihrem

Körper einher. Hier spielen wiederum Hormone eine Rolle. Eines davon, das Progesteron, agiert während der Schwangerschaft wie ein natürlicher Immunsuppressor, das heißt, es unterdrückt die Immunabwehr. Durch ihn entgeht der Embryo, der ja auch die väterlichen Gene enthält, der Abstoßung durch das Immunsystem der Mutter.

Der Anstieg des Progesterons bewirkt im Mund eine Auflockerung des Bindegewebes und eine stärkere Durchblutung. Kommt es hier zur Plaquebildung, wird diese entsprechend schneller zu einer Zahnfleischentzündung (Gingivitis) führen. Durch einen erhöhten Östrogenspiegel kann es außerdem zu Schwellungen und Ödemen des Zahnfleisches kommen. All das wird als Schwangerschafts-Gingivitis bezeichnet. Gleichzeitig hat man nachgewiesen, dass ein Anstieg von Östradiol und Progesteron das Wachstum von Parodontitis-Bakterien fördert.

All diese Veränderungen erschweren das Zähneputzen. Das Zahnfleisch blutet leichter und kann manchmal auch schmerzen. Wie wir es schon beschrieben haben, werden die entzündeten Stellen jetzt oftmals statt intensiver schonender geputzt, mit dem Ergebnis, dass sich noch mehr Bakterien am Zahnfleischsaum festsetzen. Schreitet die Gingivitis fort, kann sie auf den Zahnhalteapparat übergreifen – es entwickelt sich eine Parodontitis. Eine bereits bestehende Parodontitis kann sich während der Schwangerschaft verstärken.

Auch die Speichelpufferkapazität und der Kalzium- und Phosphatgehalt sinken während der Schwangerschaft, dadurch wird die Fähigkeit des Speichels zur Remineralisation verringert. Mit dem Fortschreiten der Schwangerschaft kommt es zu einer Absenkung des Speichel-pH-Werts, außerdem wurden erhöhte Konzentrationen von Streptococcus mutans festgestellt – wie wir uns erinnern, gehören sie zu den Hauptverursachern der Karies. Wie schon bei der Kariesentstehung beschrieben: Tückisch wird es erst durch das Zusammenspiel all dieser Faktoren.

Es wird diskutiert, ob die Absenkung des pH-Werts auch durch ein verändertes Ernährungsverhalten während der Schwangerschaft bedingt sein könnte. Etwa durch den Heißhunger auf Süßes oder Saures oder dadurch, dass eine Frau in dieser Zeit häufiger eine Zwischenmahlzeit einnimmt. Auch das in der Anfangsphase der Schwangerschaft gelegentlich auftretende Erbrechen läßt das Risiko für Karies ansteigen.

Das waren also jene Faktoren, die sich durch die Schwangerschaft auf die Mundgesundheit auswirken. Aber es geht auch in die andere Richtung. In vielen Studien konnte nämlich gezeigt werden, dass chronische Entzündungen im Körper der Mutter – zum Beispiel auch eine Parodontitis – nicht nur zur Frühgeburt führen können, sondern auch Folgeerkrankungen der Neugeborenen und Fehlgeburten herbeiführen können. Gegenwärtig werden für 30 bis 50 Prozent der Frühgeburten bakterielle Infektionen verantwortlich gemacht. Wie wir aber gesehen haben, sind Frauen während der Schwangerschaft durch die Hormonumstellung ihrerseits noch anfälliger für Infektionen aller Art.

Besonders bei Infektionen durch anaerobe Bakterien wie sie bei einer Parodontitis vorkommen, bildet der Körper Zytokine. Diese kleinen Proteine, die die Immunreaktionen des Körpers steuern, treten bei chronischen Entzündungen vermehrt auf.

Wieder das afrikanische Dorf, im Mittelpunkt eine schwangere Frau.

Ein Zuviel an Zytokinen kann ein vorzeitiges Einsetzen der Wehen fördern und dadurch zu einer Frühgeburt bei zu niedrigem Geburtsgewicht führen. Davon spricht man, wenn das Frühchen ein Gewicht unter 2500 Gramm hat. Eine von vielen Studien hat gezeigt, dass Mütter mit einer Parodontitis ein 7-fach höheres Risiko für eine Frühgeburt bei zu niedrigem Geburtsgewicht aufwiesen.

Wie man die Entstehung von Karies und Parodontitis verhindern kann, habe ich im ersten Teil des Buches ausführlich beschrieben. Mit der Unterstützung des Zahnarztes oder der Zahnärztin kann man die Schwangerschaft ohne neue Karies, Gingivitis oder Parodontitis überstehen.

Es macht zudem Sinn, bereits bei einem bestehenden Kinderwunsch zuvor bei einem Zahnarzt/einer Zahnärztin vorstellig zu werden. Eine mögliche Parodontitis oder auch Karies können so frühzeitig behandelt und dadurch das Risiko für die beschriebenen Schwangerschaftskomplikationen verringert werden.

Es gibt auch noch einen weiteren Aspekt, den ich nicht unerwähnt lassen möchte: die Auswirkungen des Bakterienvorkommens auf das ungeborene Kind. Wie bereits beschrieben ging man noch bis vor kurzem davon aus, dass ein Kind im Mutterleib in einer quasi sterilen Umgebung heranreift, weiß aber inzwischen, dass in dieser Zeit auch schon Bakterien von der Mutter auf das Kind übergehen. Wie sich das Vorhandensein von Karies- und Parodontitisbakterien auf das ungeborene Kind auswirkt, ist bislang noch nicht hinlänglich erforscht. Dass allerdings ein Befall von Streptococcus mutans-Bakterien der Mutter die Hauptursache für die frühkindliche Karies bei Kindern ist, konnte wie bereits beschrieben nachgewiesen werden.

Es gilt also wieder, ein ganzes Dorf von Fachleuten zu mobilisieren, um werdende Mütter und ihre Kleinen so aufmerksam wie möglich begleiten zu können. An dieser Stelle sollten Frauenärzte, Kinderärzte, Hebammen und Zahnärzte eng und kommunikativ zusammenarbeiten.

Diese Zusammenarbeit funktioniert meiner Erfahrung nach leider bisher noch nicht sehr gut. Es gibt bereits Programme, die eine fachübergreifende Vernetzung zwischen Frauen- und Zahnärzten durch klar formulierte Leitlinien unterstützen. Wie immer gilt hier auch: Durch das Wissen um all diese Zusammenhänge können wir auch schon sehr viel erreichen. Mein Aufruf also – als Zahnärztin und Mutter von zwei Kindern – an alle Schwangeren und die, die es werden wollen: Bitte geht zum Zahnarzt!

3.4 Atemwegserkrankungen und Mundgesundheit

Über die Atmung haben wir bereits etwas im Kapitel zur Harmonie in unserem Mund gelernt. Wie unser Herzschlag, der beständig und unser Leben lang Blut durch unseren Körper pumpt, so atmen wir auch regelmäßig ein und aus – meist ganz unbewusst und ohne unser Zutun. Mit jedem Atemzug versorgt unsere Lunge uns mit dem lebensnotwendigsten Stoff überhaupt – dem Sauerstoff. Durch die roten Blutkörperchen, die in unserem Blut schwimmen, gelangt dieser in jede einzelne unserer Zellen. Jede von ihnen atmet auch. Das Kohlendioxid, das die Zelle ausatmet, wird wiederum ins Blut abgegeben, es strömt über unsere Lunge wieder aus. Wir atmen rund 20.000 Mal an einem Tag, etwa 7,3 Millionen Mal in einem Jahr, ungefähr 580 Millionen Mal bis zu unserem 80. Geburtstag. Mindestens 10.000 Liter Luft strömen jeden Tag durch unsere Lungen.

Wir atmen durch unsere Nase oder unseren Mund ein und aus. Im Kapitel über unsere Zunge haben wir schon erfahren, dass diese unsere Atmungs- und Verdauungswege in der Regel fein säuberlich auseinanderhält, so dass wir nichts Falsches schlucken oder einatmen. Diese Wegkreuzung befindet sich in der Höhe unseres Kehlkopfes. Unser Kehlkopf hat zwei Funktionen: Zum einen schützt er die hier beginnende Luftröhre vor Speisestücken, dafür wird der Kehldeckel verschlossen. Zum anderen erzeugt er durch die Stimmlippen unsere Stimme.

Unsere Atemwege setzen sich in der Luftröhre fort und verzweigen sich immer weiter im Inneren der Lunge. Unsere beiden Lungenflügel nehmen den größten Teil unseres Brustkorbes ein. Der linke ist dabei etwas kleiner als der rechte, da auf der linken Seite noch das Herz hineinpassen muss. Sie sind beide von einem Röhrensystem durchzogen.

Diese Röhren nennt man Bronchien und sie entspringen aus dem unteren Ende unserer Luftröhre. Dieses Röhrensystem verzweigt sich immer weiter während die Röhren immer kleiner werden. Am Ende der kleinsten Verästelungen stehen rund 300 Millionen Lungenbläschen (Alveolen), über die der Gasaustausch stattfindet. Wie

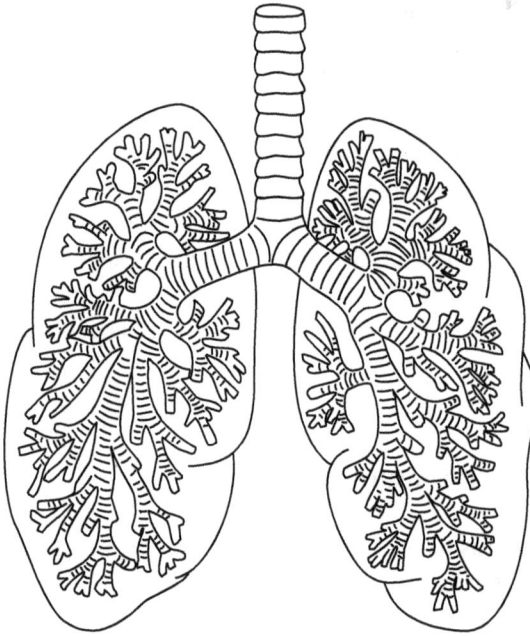

Aufbau der Lunge.

bei den Fältelungen des Dünndarms wird auch hier eine riesige Austauschfläche erreicht. Man hat ausgerechnet, dass die Fläche der Lungenbläschen zusammen etwa 80 bis 120 Quadratmeter ausmachen würde, etwa die Größe einer Drei- bis Vierzimmerwohnung.

Werfen wir wieder einen Blick auf unsere Weltbevölkerungsuhr. Bei den Top fünf der Todesursachen in der Welt stehen direkt nach Herzinfarkt und Schlaganfall Atemwegserkrankungen. Von den rund 50 Millionen bisher in diesem Jahr verstorbenen Menschen sind etwa 2,8 Millionen an einer Infektion der unteren Atemwege, etwa genau so viele an einer chronisch-obstruktiven Lungenerkrankung und ungefähr 1,5 Millionen an einer Krebserkrankung der Lunge, der Luftröhre oder der Bronchien gestorben (Stand: 23. Oktober 2022).

Die Ursache für akute und chronische Atemwegserkrankungen sind Bakterien, Viren und Pilze, die über den Nasen-Rachen-Raum oder die Mundhöhle in die Lunge gelangen. Wie schon beschrieben ist die Nasenatmung dabei auch durch die Immunbarriere, die der Körper auf dem Weg der Atemluft durch die Nase und die Nasennebenhöhlen bereithält, günstiger. Eine Lungenentzündung – das ist eine akute Infektion der unteren Atemwege – tritt bei gesunden Menschen nur selten auf, da die Krankheitserreger auf ihrem Weg bis dahin meist erfolgreich von unserem Immunsystem bekämpft werden. Ist dieses jedoch geschwächt, steigt das Risiko der Erkrankung. Besonders hoch ist es, wenn zusätzlich Schadstoffe wie Zigarettenrauch oder andere Gifte aus der Umwelt hinzukommen.

Aber auch Keime aus dem Zahnbelag und aus tiefen Zahnfleischtaschen, wie man sie bei einer fortgeschrittenen Parodontitis findet, können für eine Lungenentzündung verantwortlich sein. Diese Keime gelangen durch den Einatmungssog vom Mundraum in die Atmungsorgane. In wissenschaftlichen Studien fand man bei Menschen mit schlechter Mundhygiene ein 4,5fach erhöhtes relatives Risiko für Lungenentzündungen. Dieses Risiko erhöht sich noch bei älteren oder bettlägerigen Personen.

Besonders gefährdet sind Raucher. Dass Rauchen die Entstehung einer Parodontitis begünstigt, habe ich bereits früher beschrieben. Auch beim Thema Mundhöhlenkrebs haben wir seine schädliche Wirkung erwähnt. Daher möchte ich an dieser Stelle noch etwas näher auf das Thema Rauchen eingehen.

Im Rauch von Zigaretten sind über 4.000 Stoffe enthalten, ein großer Teil davon mit nachweislich schädlichen Auswirkungen. Dadurch treten oft chronische Reizzustände der Bronchien mit vermehrter Schleimbildung auf, diese erkennt man am sogenannten Raucherhusten. Auch die Reinigungsfähigkeit der Schleimhäute der Atemwege nimmt ab.

Schließlich kann über eine direkte Zellschädigung Lungenkrebs entstehen – immer noch die fünfthäufigste Todesursache weltweit. Aber die Auswirkungen des Rauchens gehen über die Atemwege und die Lunge hinaus. Sie sind auch im Blut und im Knochenmark nachweisbar und führen letztlich zu einer Schwächung des Immunsystems und dadurch zu einer erhöhten Anfälligkeit für Infekte und für Krebs.

Rauchen verschlechtert zudem die Wundheilung nach operativen Eingriffen, also zum Beispiel auch nach Zahnentfernungen. Es erhöht nämlich den Kohlenmonoxid-Gehalt im Blut und dieses wird an das Hämoglobin der roten Blutkörperchen gebunden. Starke Raucher können bis zu 15 % Kohlenmonoxid-Hämoglobin aufweisen. Dieses steht daher nicht mehr für den Transport des lebenswichtigen Sauerstoffs zur Verfügung. Als Folge verringert sich die Sauerstoffversorgung im ganzen Körper, das erschwert auch die Wundheilung.

Wenn ich einen oder mehrere Zähne ziehe, kläre ich die Menschen in meiner Praxis immer darüber auf, dass sie zumindest am gleichen Tag auf Zigaretten verzichten sollten. Ein Mann kam ganz schuldbewußt am nächsten Tag und gestand mir, dass er geraucht hatte, aber „auf der anderen Seite".

Bei größeren Operationen, beispielsweise beim Einsatz von Hüft- oder Knieprothesen, konnte das Risiko einer schlechten Wundheilung halbiert werden, wenn Raucher mindestens vier Wochen vor der Operation auf das Rauchen verzichteten. Auch die Behandlung einer Parodontitis gestaltet sich einfacher und ist erfolgreicher, wenn die Betroffenen mit dem Rauchen aufhören.

Wie schwierig dies allerdings im Einzelfall sein kann, habe ich in der Praxis allzu häufig erlebt. Hier stehen inzwischen viele Kurse zur Raucherentwöhnung zur Verfügung, die von Fachleuten geleitet werden. Auch Medikamente können hilfreich sein. Hierzulande übernehmen viele Krankenkassen die Kosten dafür zumindest anteilig.

Diesmal habe ich 142 Minuten an diesem Kapitel geschrieben. In dieser Zeit sind 16.808 Menschen gestorben, davon 2.398 an Atemwegserkrankungen. Ich nehme einen tiefen Atemzug und danke meiner Lunge dafür, dass sie so gut für mich arbeitet.

3.5 Die craniomandibuläre Dysfunktion und ihre Auswirkungen auf unseren ganzen Körper

Der craniomandibulären Dysfunktion haben wir uns bereits in einem eigenen Kapitel gewidmet und auch da schon gesehen, dass die Beschwerden und Schmerzen über den Kauapparat hinausreichen. Vielleicht erinnern Sie sich noch an die lange Liste von Fachdisziplinen, die zum Verständnis und der Behandlung des so komplexen Beschwerdebildes der craniomandibulären Dysfunktion miteinander kommunizieren müssen. Hier gilt es noch mehr als sonst, fachübergreifend Brücken zu bauen, die eine gute Verständigung zum Wohle der betroffenen Menschen möglich machen.

Die Schmerzen und Beschwerden, um die es hier geht, stellen immerhin keine Lebensgefahr dar. Wir können also diesmal die Weltbevölkerungsuhr und die Todesstatistiken außen vor lassen. Andererseits gehen zum Beispiel chronische Schmerzen mit einer starken Beeinträchtigung der Lebensqualität einher und können das Leben sogar zu einer Qual werden lassen.

Eine sehr häufige Begleiterscheinung der craniomandibulären Dysfunktion sind wie bereits erwähnt Kopfschmerzen.

Kopfschmerzen gehören zu den häufigsten Beschwerden weltweit. Etwa 70 Prozent der Bevölkerung – Frauen etwas häufiger als Männer – berichten innerhalb eines Jahres über Kopfschmerzen. Man unterscheidet zwischen primären Kopfschmerzen, die als eigenständige Erkrankung gesehen werden, wie zum Beispiel Migräne oder Spannungskopfschmerz, und sekundären, die als Symptome anderer Erkrankungen auftreten. Dabei sind 95 Prozent der Kopfschmerzen primärer Natur. Besonders bei den sogenannten „Spannungskopfschmerzen" wird der Zusammenhang mit einer craniomandibulären Dysfunktion in der Fachliteratur beschrieben. Ebenso können Kiefergelenkschmerzen, Ohrenschmerzen, Gesichtsschmerzen, Nacken- und Schulterschmerzen sowie Schmerzen in anderen Teilen des Bewegungsapparates damit in Zusammenhang gebracht werden. Es müssen auch gar nicht immer Schmerzen sein, die mit einer craniomandibulären Dysfunktion einhergehen. Auch Tinnitus, Schwindel, Sehstörungen, Schlafstörungen und Schnarchen gehören dazu. Schwierig dabei ist: All diese Symptome können auch ganz andere Ursachen haben.

Der Hintergrund für diese multidisziplinäre Verstreuung von Ursache und Auswirkung wird durch sogenannte „Funktionsketten" beschrieben. Ein Beispiel: ein Mensch, der schlecht hört, wird zur Verbesserung seiner Wahrnehmung seinen Kopf so halten, dass der Schall sein Ohr am besten erreicht. Diese Kopfhaltung wird sich – über längere Zeit eingehalten – auf die Halswirbelsäule auswirken. Da diese mit dem Schultergürtel eng verbunden ist, besteht hier wiederum eine Wechselwirkung. Störungen der Schulterregion werden sich langfristig wiederum auch auf die Brustwirbelsäule und den Bewegungsablauf des gesamten Armes auswirken. Das wäre ein Beispiel für eine sogenannte „absteigende" Bahn, wie man es in der Manualmedizin nennt.

Solch eine „Funktionskette" könnte beispielsweise auch mit einer Sehstörung oder dem Pressen und Knirschen mit den Zähnen seinen Anfang nehmen. Andererseits wird sich eine Störung der unteren Extremitäten (Gliedmaßen), zum Beispiel ein Knick-Senkfuß (man spricht auch von „Plattfüßen"), X-Beine, ein Beinlängenunterschied oder eine Schädigung der Hüftgelenke auf den Beckengürtel und die darauf aufbauende Wirbelsäule auswirken. Das würde man in diesem Fall als „aufsteigende" Bahn beschreiben. Man könnte noch viele andere Beispiele für solche „Funktionsketten" finden.

Bei der Beurteilung solcher Störungen ist also eine Betrachtung des Menschen fachübergreifend, also von Kopf bis Fuß (und von Fuß bis Kopf) von Bedeutung. Orthopäden, Physiotherapeuten und Zahnärzte sollten hier aufmerksam und offen miteinander kommunizieren. Der Orthopäde, mit dem ich seit vielen Jahren interdisziplinär zusammenarbeite, bestätigte mir denn auch, dass er ohne die zahnärztliche Schienentherapie letztendlich nicht das Beste für die Menschen in seiner Praxis erreichen kann.

In diesem Zusammenhang kommt der Haltung eine Schlüsselposition zu. Wir erinnern uns an dieses Bild:

Mensch in aufrechter Haltung
und sonnigen Gedanken.

Das ist die Position, in der die Muskulatur den geringsten Aufwand für eine Stabilisierung unserer Wirbelsäule hat. Man kann sie ohne größere Ermüdungserscheinungen ziemlich lange durchhalten. Eine optimale Haltung kann man auch beim Sitzen anstreben, wie wir es schon früher beschrieben haben. Mit solchen Zusammenhängen beschäftigt sich unter anderem die Ergonomie. Auch wir, die am zahnmedizinischen Behandlungsstuhl arbeitenden Menschen, leiden häufig unter einer für unseren Bewegungsapparat ungünstigen Arbeitshaltung. Das gleiche gilt für die Arbeit am Computer, beim Musizieren oder am Fließband. Die Ergonomie ist ein sehr wichtiger Aspekt des Arbeitsschutzes. Zum Glück ist das Thema Arbeitsschutz schon sehr lange im Fokus unserer Gesellschaft und das trägt maßgeblich zur besseren Gesundheit von Arbeitnehmern bei.

Bei all dem dürfen wir die psychologischen Komponenten nicht aus dem Blick verlieren. So wie unser Körper von Kopf bis Fuß zusammenhängt, so ist er auch mit unserer Psyche eng verbunden. Ich erinnere mich an eine Aussage dazu in einem lange zurückliegenden Vortrag – an den Namen des Referenten kann ich mich nicht mehr erinnern. Er sagte sinngemäß, dass die Psychosomatik nicht ein eigenständiger Bereich der Medizin sei, sondern nur eine Art, die Dinge zu betrachten.

Sehr wichtig ist es mir, hierbei zu betonen, dass dieser Zusammenhang nicht nur in eine Richtung besteht. Wir haben schon gelernt, dass wir Menschen Stress durch Pressen und Knirschen und mit großer Kaumuskelkraft abreagieren, ein ganz normales und unbewußtes Verhaltensmuster. Andererseits wirken sich jedoch die Schmerzen, die durch Fehlhaltungen entstehen, wiederum auf unsere Psyche aus. Schon wieder ein Teufelskreis.

Auf zwei Begleitsymptome der craniomandibulären Dysfunktion möchte ich noch etwas näher eingehen, da sie die Menschen in meiner Praxis in ganz besonderer Weise beeinträchtigen: Tinnitus und Schwindel.

Ich war von Anfang an sehr erstaunt, wie viele Menschen, die sich mit einer craniomandibulären Dysfunktion vorstellen, von Ohrgeräuschen berichten. Fakt ist, rund 10 Prozent der deutschen Bevölkerung leidet unter einem Tinnitus. Viele davon können die Geräusche ausblenden und haben sie auch nicht die ganze Zeit. Man schätzt, dass rund 1,5 Millionen Menschen unter einem chronischen Tinnitus leiden. Hier können wiederum viele unterschiedliche Ursachen zugrunde liegen, beispielsweise Lärm- oder Schleudertraumata. Auch wenn die Studienlage noch etwas dürftig ist, gibt es Hinweise darauf, dass auch eine craniomandibuläre Dysfunktion damit in Zusammenhang stehen könnte. Die Therapie gestaltet sich aber hierbei schwierig und durch zahnärztliche und physiotherapeutische Maßnahmen kann eine Besserung nicht in jedem Fall erreicht werden. Auch scheint es besser zu funktionieren, wenn der Tinnitus akut auftritt, als wenn er sich bereits chronifiziert hat.

Auch Schwindel beeinträchtigt den Alltag vieler Menschen in besonderer Weise. Etwa 20 bis 30 Prozent aller Menschen erleben in ihrem Leben einen mittleren bis schweren Schwindelanfall, meistens sind das aber nur vorübergehende Gleichgewichtsstörungen. Nur relativ wenige Menschen leiden unter einem Dauerschwindel.

Allerdings konsultieren diese oftmals viele Ärzte, bis eine Diagnose gestellt wird und eine Therapie erfolgt. Auch hier gibt es vielfältige mögliche Ursachen, wobei es allerdings bemerkenswert erscheint, dass man in bis zu 80 Prozent der Fälle ganz einfach gar keine Ursache findet.

Für den Zusammenhang zwischen Schwindel und craniomandibulärer Dysfunktion gibt es wie beim Tinnitus bisher auch nur wenig Evidenz, obwohl Osteopathen und Manualtherapeuten diesen schon sehr lange beobachten. Durch das Lösen von Muskelverspannungen in der Halswirbelsäule und gezielten Eigenübungen bessern sich die Symptome sehr häufig. Meine persönliche Erfahrung aus der Praxis ist, dass das Symptom Schwindel – natürlich nur wenn es keine anderen Ursachen hat – sehr gut und relativ schnell auf die zahnärztlich-/manualtherapeutische Behandlung anspricht.

Es gibt noch einige andere Erkrankungen, die mit der Mundgesundheit in Zusammenhang stehen, wie zum Beispiel die Endokarditis, die rheumatoide Arthritis oder Morbus Alzheimer. Auch für Nieren- oder Krebserkrankungen wird ein Zusammenhang diskutiert. Wie bereits beim Diabetes und den Herz-Kreislauf-Erkrankungen beschrieben, gelangen hier Bakterien, ihre Toxine (Giftstoffe) sowie jene Stoffe, die unser Körper als Reaktion darauf bildet, über die Blutbahn in andere Teile des Körpers und richten hierbei Schaden an.

Das Eindringen von Bakterien in das Blut wird als Bakteriämie bezeichnet. Für die meisten Menschen hat sie keine spürbaren Folgen und die eingedrungenen Mikroorganismen sind meist nach wenigen Minuten nicht mehr nachweisbar. Ist jedoch die Innenauskleidung des Herzens, das so genannte Endokard, geschädigt, zum Beispiel durch angeborene oder erworbene Herzklappenfehler, können diese Bakteriämien eine schwere Entzündung an dieser Stelle, eine so genannte Endokarditis, auslösen. Unbehandelt verläuft die Endokarditis meist tödlich.

Menschen mit einem erhöhten Risiko tragen einen Endokarditis-Pass bei sich, den sie bei jedem Arzt- oder Zahnarztbesuch vorzeigen müssen. Vor einem chirurgischen Eingriff, aber auch während einer Zahnreinigung oder Parodontitis-Behandlung, werden sie daher durch eine einmalige Gabe eines Antibiotikums geschützt. Für sie ist die Gesunderhaltung des Mundes noch wichtiger als für andere Menschen, denn bei mangelnder Mundhygiene kann es schon beim Zähneputzen zu einer Bakteriämie kommen.

Wie beim Diabetes besteht auch zwischen rheumatoider Arthritis und Parodontitis eine wechselseitige Beziehung. Eine Parodontaltherapie wirkt sich positiv auf die rheumatischen Beschwerden von Patienten aus, die an beiden Krankheiten leiden. Umgekehrt wirkt sich die Rheumatherapie positiv auf die Parodontitis aus.

Schon der im 5. Jahrhundert v. Chr. lebende Arzt Hippokrates von Kos hat behauptet, dass eine Zahnextraktion Gelenkbeschwerden heilen kann. Mir ist auch ein Fall aus meiner Praxis bekannt, bei dem die jahrelangen rheumatischen Beschwerden einer Patientin, gegen die sie große Mengen Kortison einnehmen musste, nach dem Ziehen eines bestimmten Zahnes wie von Zauberhand verschwanden.

Laut epidemiologischen Studien, die Rutger Persson von der University of Washington in Seattle zusammengefasst hat, haben Menschen mit Parodontalerkrankungen ein bis zu 8-fach erhöhtes Risiko, an rheumatoider Arthritis zu erkranken. Auf diesem Gebiet wird derzeit intensiv geforscht, was hoffentlich auch die interdisziplinäre Kommunikation zwischen Rheumatologen und Zahnärzten verbessern wird.

Bis vor kurzem ging man davon aus, dass Bakterien in unserem Gehirn nichts zu suchen haben, da sie die sogenannte Blut-Hirn-Schranke nicht passieren können. Wie bei der Theorie der sterilen Gebärmutter, in der ein Baby heranwächst, hat sich das inzwischen als Irrtum erwiesen.

Bei der Alzheimerdemenz lagern sich Plaques aus abgelagertem Amyloid und so genannte Tau-Fibrillen (bestehend aus Tau-Protein) zwischen Neuronen im Gehirn ab. In diesen Plaques werden Entzündungsmediatoren gebildet, die wiederum zu einer weiteren Produktion von Amyloid und Tau-Protein führen. Wieder ein Teufelskreis. Hier scheinen nicht nur die Bakterien direkt, sondern auch die als Reaktion auf die parodontale Entzündung gebildeten Entzündungsmediatoren eine Rolle zu spielen. Diese gelangen über die Blutbahn und auch direkt über den Trigeminusnerv in das Gehirn und verstärken das Fortschreiten der neurodegenerativen Erkrankung. Eine in diesem Jahr publizierte Studie aus Greifswald konnte sogar zeigen, dass eine Parodontitisbehandlung einen günstigen Effekt auf den Verlust von Hirnsubstanz hat.

Es gibt auch Zusammenhänge zwischen chronischen Nierenerkrankungen und Parodontitis. Eine Studie aus Großbritannien konnte nachweisen, dass Menschen mit einer chronischen Nierenerkrankung, die zusätzlich eine Parodontitis aufweisen, häufiger sterben als jene ohne eine solche Erkrankung. Wissenschaftler gehen davon aus, dass sich diese beiden chronisch entzündlichen Erkrankungen gegenseitig aufrechterhalten und verstärken.

Die Erforschung der Zusammenhänge zwischen Mundgesundheit und Krebserkrankungen steckt noch in den Kinderschuhen. Schon 1863 drückte der berühmte Arzt und Pathologe Rudolf Virchow den Verdacht aus, dass chronische Entzündungen zur Krebsentstehung beitragen. Eine im letzten Jahr veröffentlichte Studie konnte zum Beispiel einen Zusammenhang zwischen Parodontitis und dem Auftreten von Mundhöhlenkarzinomen zeigen.

Sehr beeindruckend ist, dass die meisten Tumore im menschlichen Körper offenbar mit einem ganz eigenen Mikrobiom daherkommen, was den Wissenschaftlern großes Kopfzerbrechen bereitet. Sind die Mikroben zufällig da, oder beeinflussen sie das Entstehen und Fortschreiten der Tumorerkrankung? Die Antwort darauf wird in vielen Studien weltweit fieberhaft gesucht, da sie den Weg zu ganz neuen Therapien für eine der am meisten gefürchteten Krankheiten der Menschheit eröffnen könnte.

In den letzten beiden Jahren hat sich die wissenschaftliche Forschung zu Gesundheitsfragen jedoch auf ein winzig kleines Virus und seine Auswirkungen auf unsere Gesundheit konzentriert: das Coronavirus. Was bisher darüber bekannt ist, ist Gegenstand des nächsten Kapitels.

3.6 Corona und Mundgesundheit: was man bis heute über die Zusammenhänge weiß

Ohne das Coronavirus hätte ich möglicherweise noch Jahre gebraucht, um dieses Buch niederzuschreiben. Es schlummerte sehr wohl schon seit geraumer Zeit in mir, aber es gab so viel anderes, das wichtiger zu sein schien. Aber Corona änderte alles.

Ich habe in meinem ganzen bisherigen Leben nichts erfahren, was mich selbst, die Menschen um mich herum, ihre Werte und ihren Alltag so einschneidend verändert hat wie das Coronavirus.

Von Max Frisch stammt das Zitat: „Krise ist ein produktiver Zustand. Man muss ihr nur den Beigeschmack der Katastrophe nehmen." Für die Zahnmedizin und ihre Bedeutung für die Allgemeingesundheit der Menschen könnte es eine große Chance sein. Gleichzeitig gibt es aber auch eine große Verunsicherung über die Ansteckungsgefahr in der Zahnarztpraxis.

Was weiß man bisher über die Infektionskrankheit COVID-19, die durch das neuartige Coronavirus SARS-CoV-2 ausgelöst wird? Die Erkrankung wurde erstmals Ende des Jahres 2019 in Wuhan beschrieben, breitete sich im Januar 2020 vorerst in China zu einer Epidemie und später in der ganzen Welt zu einer Pandemie aus.

Wir haben schon gesehen, dass Viren auch in unserem Mund Teil der „Milliardenstadt" sind. Man ist sich darüber einig, dass sie keine eigentlichen Lebewesen sind. „Leben" können sie nur innerhalb von anderen, für sie geeigneten Wirtszellen, wo sie auf deren Stoffwechsel angewiesen sind.

Sie schleusen ihr Erbgut in andere Zellen ein, um sich darin zu vermehren. Außerhalb von Zellen bezeichnet man sie als „Virionen", das sind einzelne Viruspartikel, die von einem Organismus zum anderen über verschiedene Wege übertragen werden können. Bemerkenswert ist, dass es bisher etwa 10.000 bekannte Virenarten gibt, die ihrerseits etwa 1,8 Millionen verschiedene der noch heute lebenden Lebewesen befallen können.

Es gibt zum Beispiel Viren, die Bakterienzellen befallen, man nennt sie dann Bakteriophagen oder kurz Phagen. Im gesamten Wasser unserer Meere sind Virionen dieser Phagen die häufigsten Arten von Lebewesen – wenn man sie denn als solche betrachtet – und werden als „Virioplankton" bezeichnet. Im Augenblick wird in der Medizin aufgrund der immer häufiger auftretenden Antibiotikaresistenzen intensiv an der Anwendung von Phagen als Antibiotika-Ersatz geforscht. Man ist dabei aber noch weit von einem Durchbruch entfernt.

In der Regel schafft unser Körper es durch sein genial funktionierendes Immunsystem, die Eindringlinge abzuwehren. Diesen Krieg führt er wie schon oft beschrieben unablässig, um unser Leben zu schützen. Hat er einmal eine Infektion überstanden, hat er sogenannte Gedächtniszellen gebildet, die den Feind fortan wiedererkennen. Man sagt, man ist gegen diese Erkrankung immun.

Viele gefürchtete Krankheiten wie Mumps, Masern, Hepatitis B oder Poliomyelitis kann man heutzutage durch eine Impfung – man nennt es auch Immunisierung –

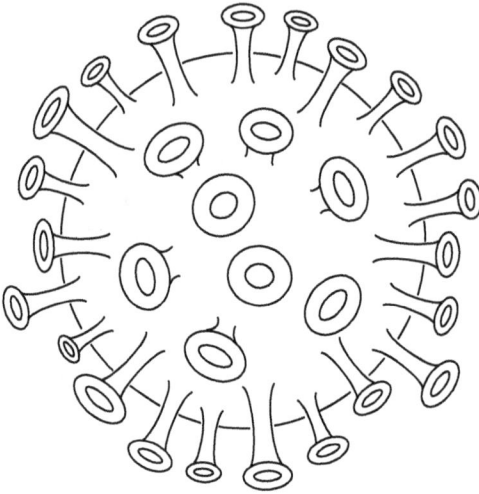

Coronavirus.

erfolgreich abwehren. Die einzige Infektionskrankheit, die heute als ausgerottet gilt – die Pocken –, hat im 20. Jahrhundert noch 400 Millionen Menschen das Leben gekostet. Die Impfung dagegen gibt es allerdings schon seit 1796 und sie gilt als die erste Immunisierung überhaupt.

Das tückische an den Viren ist, dass sie mutieren und sich dabei stetig verändern. Der Körper kann dann nur darauf reagieren, indem er neue Abwehrmechanismen entwickelt. Doch die Viren sind immer einen Schritt voraus.

Deswegen müssen Virologen auch jedes Jahr neue Impfstoffe gegen die jährliche Grippewelle entwickeln, die an die mutierten Viren angepasst sind.

Coronaviren wurden erstmals Mitte der 1960er Jahre beschrieben und treten bei allen Landwirbeltieren, also Säugetieren, Vögeln, Reptilien und Amphibien, auf, wo sie sehr unterschiedliche Erkrankungen auslösen. Der Name lässt sich auf ihr typisches, kranzförmiges Aussehen zurückführen.

Von den 7 Arten von Coronaviren, die dafür bekannt sind, beim Menschen Krankheiten auszulösen, verursachen vier Erkältungssymptome – man leidet unter einem grippalen Infekt. Die restlichen drei – SARS-CoV, MERS und SARS-CoV-2 – verursachen hingegen schwerere und manchmal tödliche Atemwegsinfektionen. Obwohl sich die meisten Menschen in den letzten beiden Jahren durch die Flut an Informationen in den Medien oft selbst zu Virologen fortgebildet haben, möchte ich an dieser Stelle trotzdem ein paar Daten zu den Folgen der Ansteckung mit dem letztgenannten Virus sagen.

Man vermutet, dass das Virus ursprünglich von Tieren auf den Menschen übergetreten ist. Einige frühe COVID-19-Fälle sind mit einem Markt für lebende Tiere im chinesischen Wuhan in Verbindung gebracht worden. Die Ansteckung mit SARS-CoV-2 erfolgt in der Regel durch Tröpfchenübertragung, also über das Sekret der Atemwege, zum Beispiel beim Niesen. Eine Übertragung durch Aerosole – besonders in geschlossenen, schlecht belüfteten Räumen oder durch kontaminierte (verseuchte) Flächen wird auch diskutiert.

Nach einer Infektion erkranken 55 bis 85 Prozent der Menschen erkennbar an COVID-19. Manche fühlen sich dabei kaum krank oder haben nur milde, grippeähnliche Symptome. Bei anderen wiederum treten schwere beidseitige Lungenentzündungen auf, die manchmal mit einem akuten Lungenversagen einhergehen und auch solche, die tödlich enden. Aber nicht nur die Lunge kann bei einer COVID-19-Erkrankung leiden. Es wurden auch krankhafte Prozesse an der Leber, dem Zentralnervensystem, den Nieren, den Blutgefäßen und dem Herzen beobachtet.

Nach einer Ansteckung beträgt die Inkubationszeit – das ist die Zeit zwischen Ansteckung und Erkrankung – durchschnittlich fünf bis sechs Tage. Manchmal können jedoch zwischen Ansteckung und Auftreten von Symptomen sogar bis zu zwei Wochen vergehen. Das ist also sehr gefährlich: Menschen, die das Virus in sich tragen, ohne sich krank zu fühlen, können es ungewollt auf andere übertragen.

Manchmal treten erste Symptome bereits innerhalb von 24 Stunden auf. Am häufigsten sind Fieber, trockener Husten und Müdigkeit, weniger häufig sind unter anderen eine verstopfte Nase, Kopfschmerzen, Übelkeit und Erbrechen oder Geschmacks- und Geruchsverlust.

Bei der Mehrzahl der bekannten Infizierten verläuft die Krankheit leicht und die Symptome klingen meistens innerhalb von ein bis zwei Wochen ab. Sowohl der Verlauf als auch die Schwere der Erkrankung variieren allerdings sehr stark, nicht nur zwischen einzelnen Menschen, sondern auch abhängig von der Virusvariante. Wie das Grippevirus verändert sich nämlich auch das Coronavirus kontinuierlich durch Mutation.

Bis zum 12. 11. 2022 waren weltweit 634.743.311 Menschen an COVID-19 erkrankt, 6.609.346 waren gestorben. Das sind allerdings nur die offiziellen Zahlen. Wie viele Menschen tatsächlich erkrankt und gestorben sind, kann man noch nicht genau sagen. Auch dazu, welche Langzeitfolgen nach einer überstandenen Infektion auftreten können, wird immer noch geforscht. Unter den Begriffen Long Covid und Post Covid werden jetzt schon auftretende Symptome zusammengefaßt. Seit dem 2. Dezember 2020, an dem der erste Corona-Impfstoff zugelassen wurde, wurden weltweit 12.856.500.298 Impfdosen verabreicht. Die berühmte Landkarte der Johns-Hopkins-Universität mit den Daten über Infektionen und Todesraten durch COVID-19 habe ich am Anfang der Pandemie täglich oft mehrmals betrachtet. Sie ist Ihnen, lieber Leser, sicher auch bekannt.

Das SARS-CoV-2-Virus dringt über ein Enzym der Zellmembran, das ACE2 (Angiotensin-konvertierenden Enzym 2), in die menschliche Zelle ein. Dieses Enzym spielt eine wichtige Rolle im sogenannten Renin-Angiotensin-Aldosteron-System (RAAS), das den Volumenhaushalt unseres Körpers steuert und unseren Blutdruck reguliert. Durch seine Funktion, die sehr komplex mit vielen anderen Substanzen unseres Körpers interagiert, übt es eine Schutzwirkung auf unser Herz-Kreislauf-System aus.

ACE2 kommt zum Beispiel in hohen Konzentrationen in der Nasenschleimhaut vor, so dass diese als Eintrittspforte und als Reservoir für das Virus diskutiert wird.

Ein Großteil der Zellen, die ACE2 exprimieren – das heißt, die eine Bildung des Enzyms anregen –, befinden sich in der Lunge.

Wie wir bereits gesehen haben, hat diese durch ihren Aufbau eine riesengroße Oberfläche, an der die Viren angreifen können. Aber auch in der Niere, dem Gefäßendothel, im Mund- und Rachenraum und in unserem Magen-Darm-Trakt ist ACE2 vertreten.

Es gibt inzwischen bereits einige Studien, die die Risikofaktoren für einen schweren Verlauf von COVID-19 untersucht haben. Das sind, um nur die ersten sechs in der Reihenfolge des höchsten Risikos zu nennen: Herz-Kreislauf-Erkrankungen, chronische Nieren-, Atemwegs-, und Lungenerkrankungen, ein Diabetes mellitus und Krebserkrankungen. Einiges über diese Krankheiten haben Sie schon im Verlauf dieses Buches erfahren. Laut einer Modellstudie aus 2020 haben etwa 22 Prozent der Weltbevölkerung, das sind rund 1,7 Milliarden Menschen, mindestens einen der bisher bekannten Risikofaktoren für einen schweren COVID-19-Verlauf. Hierbei steigt der Anteil von 10 Prozent bei den 25-jährigen auf 66 Prozent der 70-jährigen an, da die Anzahl der Risikofaktoren mit dem Alter bekanntlich zunimmt.

Kommen wir zur Zahnmedizin zurück. Bei einer zahnärztlichen Behandlung – sei es bei der Füllungstherapie, dem Präparieren von Kronen, Brücken und anderen schon beschriebenen Formen des Zahnersatzes sowie bei jeder Zahnsteinentfernung, professionellen Zahnreinigung oder Parodontitisbehandlung – kommt es zur Bildung von Aerosolen. Das sind Gemische von mikroskopisch kleinen festen oder flüssigen Teilchen in Gas, also zum Beispiel in der Luft. Im Gegensatz zu größeren Tröpfchen, die in wenigen Sekunden zu Boden sinken, können die wenige Nanometer großen Aerosolteilchen – besonders in schlecht durchlüfteten Räumen – bis zu einige Stunden in der Luft bleiben.

Wir haben bereits erwähnt, dass eine Übertragung von Coronaviren durch Aerosole vermutet wird. Bisher konnte dies allerdings noch nicht in aussagekräftigen Studien nachgewiesen werden. Man hat zwar in Laborversuchen mit hoch kontaminierten (infizierten), künstlichen Reagenzien (Substanzen) Virusmengen in Aerosolen nachweisen können. In der Zahnarztpraxis kommen allerdings umfassende Absaugsysteme zum Einsatz. Außerdem befinden sich bei einem Menschen ohne Krankheitssymptome deutlich weniger Viren im Mund-Rachen-Raum als bei den beschriebenen Laborversuchen eingesetzt. Berichte aus der Zahnklinik in Wuhan widerlegen ein erhöhtes Übertragungsrisiko bei zahnärztlichen Behandlungen. Dort hatten sich nach Ausbruch der Krankheit und bevor man überhaupt wußte, um was es sich hier handelt, sogar weniger Menschen unter dem zahnmedizinischen Personal angesteckt als beispielsweise unter Augen- oder Ohrenärzten. Das zahnärztliche Personal ist bekanntlich durch seine unmittelbare Nähe zu den Patienten und die zuvor beschriebene Aerosolbildung schon immer einem hohen Infektionsrisiko durch alle heute bekannten ansteckenden Krankheiten ausgesetzt.

Bei jedem noch so kleinen Symptom, das auf COVID-19 hinweisen könnte, wird jegliche aufschiebbare Zahnarztbehandlung auf einen späteren Zeitpunkt terminiert.

Ist hingegen wegen zum Beispiel sehr starken Schmerzen oder einem Abszess eine Behandlung bei einem Verdacht oder gar einer positiven Testung unaufschiebbar, hat man hierzulande spezielle Corona Ambulanzen in Kliniken und Schwerpunktpraxen eingerichtet, die mit allen notwendigen Schutzmaßnahmen ausgerüstet sind: FFP2-Atemschutzmasken, Schutzbrillen mit Seitenschutz oder Visieren, Untersuchungshandschuhen, langärmeligen Schutzkitteln und Kopfhauben. Menschen mit Krankheitssymptomen oder positiv getestete Personen werden ausschließlich in diesen Corona-Ambulanzen behandelt. Zu all diesen Themen werden die Informationen fortlaufend von der Bundeszahnärztekammer aktualisiert.

So wie wir Zahnärztinnen und Zahnärzte uns auf die Veränderungen in unseren Praxen nach dem Auftreten von HIV-Infektionen (mit der Erkrankung AIDS) oder Infektionen mit Creutzfeldt-Jakob-Erregern – das sind übrigens wieder andere Mikroorganismen, und zwar Prionen – in den letzten Jahren und Jahrzehnten einstellen mussten, so sind wir in Zukunft herausgefordert, uns mit diesem neuen Virus und der damit einhergehenden Krankheit auseinanderzusetzen.

Was weiß man inzwischen über den Zusammenhang zwischen COVID-19 und Mundgesundheit? Hier ist die Studienlage noch etwas dürftig. Neuere Erkenntnisse deuten darauf hin, dass ACE2 in der Mundschleimhaut sogar noch prävalenter (häufiger vorkommend) sein könnte als in der Lunge, die ja bisher als der primäre Infektionsweg von SARS-COV-2 angesehen wird. Gleichzeitig hat man auch im Speichel nachweisbare Viruskonzentrationen gefunden, man kann daher zumindest vermuten, dass man sie auch auf der Mundschleimhaut oder in parodontalen Taschen findet. Dass eine Übertragung über die Mundschleimhaut erfolgt, wurde schon für andere Virenarten beschrieben.

Man konnte beispielsweise für die Parodontitis – auch für leichte bis mittelschwere Formen – ein Risiko für die Übertragung von HI-Viren zeigen. Auch das von COVID-19-Betroffenen häufig berichtete Symptom des vorübergehenden Verlustes des Geschmacksinns kann als ein Hinweis für den Mund als Eintrittspforte von SARS-Cov-2-Viren ausgelegt werden.

Ziemlich gute Evidenz gibt es aktuell zur antiviralen Wirkung von handelsüblichen Mundwassern. Das Gurgeln damit kann die Viruslast im Mund-Rachen-Raum deutlich reduzieren. Auch wir in der Zahnarztpraxis lassen alle Menschen vor jeglicher Untersuchung oder Behandlung eine Minute lang mit einer desinfizierenden Lösung gurgeln. Dieser Effekt hält natürlich nur zeitweise an, da sich die Viren bekannterweise sehr schnell wieder vermehren.

Eine im Februar 2021 veröffentlichte Studie aus Qatar konnte zeigen, dass schwere oder gar tödliche COVID-19-Verläufe bei Menschen mit einer chronischen Parodontitis gehäuft auftreten. Die Sterblichkeit war bei diesen Menschen sogar um das neunfache erhöht. Eine weitere, im Dezember des letzten Jahres erschienene Studie aus China konnte zeigen, dass nicht nur die Anfälligkeit für eine COVID-19-Infektion, sondern auch deren Schweregrad durch eine bestehende Parodontitis erhöht ist. Zu den Ursachen dafür wird weiter geforscht und die nächsten Monate und Jahre werden sehr wahrscheinlich neue Erkenntnisse hervorbringen.

Selbst wenn die direkten Zusammenhänge zwischen Parodontitis und COVID-19 nicht bestätigt werden sollten, gibt es auch so schon ausreichend Evidenz darüber, dass viele Risikofaktoren für schwere Verläufe der Infektionskrankheit wie Herz-Kreislauf-Erkrankungen, chronische Nieren-, Atemwegs-, und Lungenerkrankungen, ein Diabetes mellitus oder Krebserkrankungen mit unserer Mundgesundheit in Zusammenhang stehen und darüber haben Sie ja in diesem Buch auch schon viel erfahren.

Am 11. März 2020 hat die WHO COVID-19 zur Pandemie erklärt. Über ein Jahr später, am 27. Mai 2021, hat die Generalversammlung der WHO eine Resolution zur Mundgesundheit verabschiedet. Dr. Tedros Adhanom Ghebreyesus, der derzeitige WHO-Generaldirektor, bezeichnete dies als „Meilenstein in der Geschichte der Mundgesundheit". Dadurch erkennt auch die WHO die Mundgesundheit als wesentlichen Bestandteil der Allgemeingesundheit an. Eine alte Volksweisheit hat den Weg in die Welt der Wissenschaft gefunden.

Wissenschaftler aus aller Welt glauben, dass die Corona-Pandemie Teil eines Musters immer häufiger auftretender Epidemien ist, die mit der Globalisierung, der Urbanisierung und dem Klimawandel zusammenhängen. Eine bessere Mundgesundheit kann dazu beitragen, uns Menschen vor dem Aufkommen neuer Krankheiten zu schützen.

Am besten ist es also, wenn Sie gleich jetzt damit beginnen, Ihre Mundgesundheit zu verbessern. Wer weiß schon, wann die nächste Pandemie ausbrechen wird?

Nachwort

Wir haben bei einer Entdeckungsreise durch unseren Mund angefangen und haben uns in viele andere Regionen unseres Körpers vorgewagt. Wenn Sie dieses Buch bis hierher gelesen haben, waren Sie wirklich „patientes", geduldig und ertragend. Es waren dann doch sehr viele Fachbegriffe dabei und im zweiten Teil wurde es zusehends ernster. Während des Schreibens über all diese Krankheiten wurde ich immer trauriger und niedergeschlagener.

Wie Sie sicher gemerkt haben, sind mir dabei auch die Ideen zu den lustigen Illustrationen ausgegangen. Wenn Sie – wie ich hoffen will – gesund sind, ist es Ihnen sicher auch schwergefallen, so viel über Krankheiten zu lesen.

Die Präambel der Verfassung der Weltgesundheitsorganisation von 1948 definiert Gesundheit so: „Gesundheit ist der Zustand des vollständigen körperlichen, geistigen und sozialen Wohlbefindens und nicht nur des Freiseins von Krankheit und Gebrechen. Sich des bestmöglichen Gesundheitszustandes zu erfreuen, ist eines der Grundrechte jedes Menschen, ohne Unterschied der ethnischen Zugehörigkeit, der Religion, der politischen Überzeugung, der wirtschaftlichen oder sozialen Stellung."

Sich mit Krankheiten auseinanderzusetzen kann uns allen dazu verhelfen, möglichst gesund zu bleiben. Die Angst vor Erkrankungen und jene vor dem Tod – der uns früher oder später alle ereilt – kann, wie wir es schon in dem Kapitel über die Zahnarztangst beschrieben haben, am besten durch Wissen besiegt werden.

Eine anhaltende Angst, wie sie zurzeit viele Menschen weltweit aufgrund der Corona-Pandemie erfahren, kann allerdings ihrerseits krank machen. Nicht nur schwächt sie das Immunsystem, sie kann sich auch negativ auf die Psyche auswirken. Es gibt viele Hinweise darauf, dass beispielsweise die Häufigkeit von Angst- und depressiven Symptomen in beunruhigender Weise zugenommen hat. Weltweit laufen gerade viele Studien, die sich dieses Themas angenommen haben.

Ich komme hier noch auf einen anderen Aspekt der modernen Medizin zu sprechen. Eckard Westphal, damals Leiter der Kärtner Krankenhausgesellschaft, drückte das Dilemma 1996 so aus: „Die verfeinerte Diagnostik wird beweisen, dass ein ‚gesunder' Mensch nur nicht hinreichend untersucht ist." In gewissem Sinne ist es also auch eine Art Grat, auf dem wir Mediziner wandeln. Umso wichtiger ist es, jedem Einzelnen so viel Wissen über seinen Körper und die Vorgänge darin in die Hand zu geben, dass er sich – was er die meiste Zeit sowieso selbst erledigt – heilen kann.

Nach der Traurigkeit, die mich zuletzt begleitet hat, gibt es auch Grund zur Freude. Zum Beispiel freue ich mich jetzt, da sich dieses Buch dem Ende zuneigt, darauf, es nach außen zu tragen. Ich freue mich auch auf den Austausch mit den vielen anderen Fachdisziplinen, mit denen ich zusammenarbeite und kommuniziere und wünsche mir gleichzeitig, dass sich dieser Austausch weiter intensiviert. Und vor allem freue ich mich tagtäglich über die Menschen in meiner Praxis, zu deren Gesundheit mein Team und ich – wenn auch wie beschrieben nur in recht kleinem Maße – beitragen können.

https://doi.org/10.1515/9783111026299-004

Der Kuss zum Schluss.

Nach all der langen Zeit des „Social Distancing" freue ich mich auch darüber, dass ich anderen Menschen wieder näherkommen darf. Ich hoffe, dass mein Buch unter anderem dazu beiträgt, dass sich Menschen wieder ohne Angst vor Ansteckung umarmen und küssen können. Wir wissen ja: die schönsten Geschichten enden mit dem Küssen.

Zum Weiterlesen und -schauen

Enders, Giulia: „Darm mit Charme. Alles über ein unterschätztes Organ", Ullstein, 2014.
Guttmann, Georg: „Die Technik der Harnuntersuchung und ihre Anwendung in der zahnärztlichen Praxis", Verlag von Hermann Meusser, 1912.
Jepsen, Søren, Sanz, Mariano, Stadlinger, Bernd, Terheyden, Hendrik: „Kommunikation der Zellen: Orale und systemische Gesundheit", Quintessenz, 2016.
Stadlinger, Bernd, Terheyden, Hendrik: „Kommunikation der Zellen: Die entzündliche Reaktion", Quintessenz, 2012.
Von Treuenfels, Dr. Hubertus: „Gesund beginnt im Mund. Warum Zähneknirschen zu Rückenschmerzen führt und Lachen den Kreislauf reguliert", Knaur, 2017.

Literaturverzeichnis

Anmerkung zum Gebrauch: Um das flüssige Lesen nicht zu stören, wurde darauf verzichtet, die Studien, auf die Bezug genommen wird, direkt im Text zu zitieren. Sämtliche im Buch gemachten Aussagen sind durch wissenschaftliche Untersuchungen belegt. Jene Arbeiten, die die zentralen Aussagen des Buches begründen, sind nachfolgend aufgelistet. Interessierte Leser haben so die Möglichkeit, darin weiterzulesen.

Vorwort

Guttmann, Georg: Die Technik der Harnuntersuchung und ihre Anwendung in der zahnärztlichen Praxis. Verlag von Hermann Meusser, 1912.

1. Kapitel

Buchalla, Wolfgang: Zusammensetzung und Funktion eines oft unterschätzten Helfers. Zahnärztliche Mitteilungen: online 2013, 08.
Cao, B., Mysorekar, I. U.: Intracellular bacteria in placental basal plate localize to extravillous trophoblasts. Placenta 2014; 35(2): 139–142.
Conrads, G.: Zutritt verboten – Wie im Mund die Invasion von Mikroben verhindert wird. Quintessenz Zahnmedizin 2020; Jahrgang 71, Ausgabe 12: 1408–1416.
Gao, Lu et al.: Oral microbiomes: more and more importance in oral cavity and whole body. Protein Cell 2018, 9(5): 488–500.
Goeser, Felix: Mikrobiomforschung: Wie körpereigene Keime als „Superorgan" agieren. Dtsch Arztebl 2012, 109(25): A-1317 / B-1140 / C-1120.
Jeurink, P. V. et al.: Human milk: a source of more life than we imagine. Benenn Microbes 2013 Mar 1, 4(1): 17–30.
Levy, Jay Harris: Teeth as Sensory Organs. Inside Dentistry 2009, Volume 2, Issue 3.
Schneider, G. et al.: Size-dependent elastic/inelastic behavior of enamel over millimeter and nanometer length scales. Biomaterials 2010, 31: 1955–1963.
Stinson, L. F. et al.: The Not-so-Sterile Womb: Evidence That the Human Fetus Is Exposed to Bacteria Prior to Birth. Front. Microbiol. 2019, 10: 1124.
Wilbert, S. A. et al.: Spatial Ecology of the Human Tongue Dorsum Microbiome. Cell Reports 2020, 30: 4003–4015.

https://doi.org/10.1515/9783111026299-005

2. Kapitel

Bandy, L. K. et al.: Reductions in sugar sales from soft drinks in the UK from 2015 to 2018. BMC Med 2020 Jan 13, 18(1).

Brauckhoff G. et al.: Gesundheitsberichterstattung des Bundes, Heft 47, Mundgesundheit, RKI, Berlin 2009: S. 31 f.

Brüllmann, D., Mouratidou, A.: Allgemeines Vorgehen beim Zahnunfall – eine Übersicht. Zahnärztliche Mitteilungen 2014, 07.

Brüllmann, D., d'Hoedt, B.: Zahntraumata. Der MKG-Chirurg 2017, 10: 299–310.

Deschner, J., Eick, S.: Ätiologie und Pathogenese der Parodontitis. Zahnärztliche Mitteilungen 2011, 10.

Dongyeop K. et al.: Spatial mapping of polymicrobial communities reveals a precise biogeography associated with human dental caries. Proc Natl Acad Sci U S A, 2020, 201919099.

Eaton, S. B., Konner, M.: Paleolithic Nutrition. A Consideration of Its Nature and Current Implications. N Engl J Med 1985, 117(22): 12375–12386.

Hellwig, E. Klimek, J., Lussi, A.: Fluoride – Wirkungsmechanismen und Empfehlungen für deren Gebrauch. Oralprophylaxe & Kinderzahnheilkunde 34 (2012) 2, Deutscher Ärzte-Verlag.

Jepsen, S., Dommisch, H.: Die parodontale Entzündung. Zahnärztliche Mitteilungen 2014, 24.

Korbmacher-Steiner, H.: Kieferorthopädie und Funktion. Zahnärztliche Mitteilungen 2019, 01.

Lax, S. et al.: Longitudinal analysis of microbial interaction between humans and the indoor environment. Science 2014 Aug 29, 345(6200): 1048–1052.

Meyer, G., Asselmeyer, T., Bernhardt, O., Möllenkamp, W.: Die Schienentherapie. Zahnärztliche Mitteilungen 2013, 22.

Peres, K. G. et al.: Exclusive Breastfeeding and Risk of Dental Malocclusion. Pediatrics 2015, 2014–3276.

Ruby, J. D. et al.: The Caries Phenomenon: A Timeline from Witchcraft and Superstition to Opinions of the 1500s to Today's Science. International Journal of Dentistry, vol. 2010: 2010: 432767.

Utz, K.-H.: Die taktile Feinsensibilität natürlicher Zähne. Eine klinisch-experimentelle Untersuchung; Bonn 1982.

3. Kapitel

Bansal, M., Khatri, M., Tanja, V.: Potential role of periodontal infection in respiratory diseases-a review. J Med Life 2013, 6(3): 244–248.

Chapple, I., Genco, R.: Diabetes and periodontal diseases: consensus report of the Joint EFP/AAP Workshop on Periodontitis and Systemic Diseases. J Periodontol 2013, 84 (4 Suppl): 106–112.

Chávarry, N. G. M. et al.: The relationship between diabetes mellitus and destructive periodontal disease: a meta-analysis. Oral Health Prep Dent 2009, 7(2): 107–127.

Chen, L. et al.: Association of periodontal parameters with metabolic level and systemic inflammatory markers in patients with type 2 diabetes. J Periodontol 2010, 81: 364–371.

Chen, C.-K. et al.: Association between chronic periodontitis and the risk of Alzheimer's disease: a retrospective, population-based, matched-cohort study. Alzheimers Res Ther 2017, 9: 56.

Clark, A. et al.: Global, regional, and national estimates of the population at increased risk of severe COVID-19 due to underlying health conditions in 2020: a modelling study. The Lancet 2020, Volume 8, Issue 8: E1003–E1017.

Danner, H.-W., Sander, M.: Orthopädische und physiotherapeutische Konsiliarbehandlungen bei CMD. Zahnärztliche Mitteilungen 2004, 22.

Deschner, J., Haak, T., Jepsen, S., Kocher, T., Mehnert, H. et al.: Diabetes mellitus und Parodontitis. Wechselbeziehung und klinische Implikationen. Ein Konsensuspapier. Der Internist 2011, Band 52, Nr. 4: 466–477.

Eder, C.: Neurodegenerative Erkrankungen und Parodontitis. DZW, 15. 10. 2018.

Engebretson, S., Kocher, T.: Evidence that periodontal treatment improves diabetes outcomes: a systematic review and meta-analysis. J Clin Periodontol 2013, 40(14): 153–163.

Hansen, G. M. et al.: Relation of Periodontitis to Risk of Cardiovascular and All-Cause Mortality (from a Danish Nationwide Cohort Study). AM J Cardiol 2016, 118(4): 489–493.

Haverich, H., Kreipe, H. H.: Ursachenforschung Arteriosklerose: Warum wir die KHK nicht verstehen. Dtsch Arztebl 2016, 113(10): A-426 / B-358 / C-358.

Jentsch, H., Bühler, M., Hamm, M., Thiery, J., Richter, V.: Parodontitis – Adipositas – Atherosklerose. Zusammenhänge und Einfluss der Ernährung. Parodontologie 2019, 01: 23–36.

Jockel-Schneider, Y. et al.: Arterial Stiffness and Pulse Wave Reflection Are Increased in Patients Suffering from Severe Periodontitis. PLoS One 2014, 9(8): e103449.

Komlós, G., Csurgay, K., Horváth, F. et al. Periodontitis as a risk for oral cancer: a case-control study. BMC Oral Health 21, 640 (2021).

Kozarov, E. et al.: Detection of bacterial DNA in atheromatous plaques by quantitative PCR. Microbes Infect. 2006, 8(3): 687–693.

Lanter, B. B., Sauer, K., Davies, D. G.: Bacteria Present in Carotid Arterial Plaques Are Found as Biofilm Deposits Which May Contribute to Enhanced Risk of Plaque Rupture. Mbio 2014, 5(3): 01206–14.

Marchiori, L. L. et al.: Probable Correlation between Temporomandibular Dysfunction and Vertigo in the Elderly. Int Arch Otorhinolaryngol 2014, 18(1): 49–53.

Marouf, N. et al.: Association between periodontitis and severity of COVID-19 infection: A case-control study. J Clin Periodontol. 2021 Apr, 48(4): 483–491.

Meier, J. J. et al.: Diagnose einer eingeschränkten Glukosetoleranz und Diabetesprävention: Kann die Diabetes-Epidemie aufgehalten werden? Deutsches Ärzteblatt 2002, 99(47): A-3182 / B-2685 / C-2500.

Meyer-Wübbold, K., Hellwig, E., Fischer, P., Geurtsen, W., Günay, H.: Zahnärztliche Diagnostik und Therapie schwangerer Patientinnen. Zahnärztliche Mitteilungen 2020, 06.

Ngozi, N., Wactawski-Wende, J., Genco, R. J.: Periodontal disease and cancer: Epidemiologic studies and possible mechanisms. Periodontal 2000 2020 Jun, 83(1); 213–233.

Persson, G. R.: Rheumatoid arthritis and periodontitis – inflammatory and infectious connections. Review of the literature. J Oral Microbiol. 2012, 4.

Preshaw, P. M. et al.: Periodontitis and diabetes: a two-way relationship. Diabetologia 2012, 55(1): 21–31.

Riquelme, E. et al.: Tumor Microbiome Diversity and Composition Influence Pancreatic Cancer Outcomes. Cell. 2019 Aug 8, 178(4): 796–806.

Riedel, E., Stumpfe, M.: Auswirkungen einer Parodontitis auf Schwangerschaft und Geburt. ZMK 2011, 27: 425–427.

Saito, T. et al.: The severity of periodontal disease is associated with the development of glucose intolerance in non-diabetics: the Hisayama study. J Dent Res 2004, 83(6): 485–90.

Sampson, V., Kamona, N., Sampson, A.: Could there be a link between oral hygiene and the severity of SARS-CoV-2 infections? British Dental Journal 2020, 228: 971–975.

Saremi et al.: Periodontal Disease and Mortality in Type 2 Diabetes. Diabetes Care 2005, 28(1): 27–32.

Schwahn C. et al.: Effect of periodontal treatment on preclinical Alzheimer's disease-Results of a trial emulation approach. Alzheimers Dement. 2022 Jan, 18(1):127–141.

Sharma, P. et al.: Association between periodontitis and mortality in stages 3–5 chronic kidney disease: NHANES III and linked mortality study. J Clin Periodontol 2016, 43(2): 104–113.

Shaw, L. et al.: The Human Salivary Microbiome Is Shaped by Shared Environment Rather than Genetics: Evidence from a Large Family of Closely Related Individuals. mBio 2017 Sep 12, 8(5).

Tabák, A. G. et al.: Prediabetes: a high-risk state for diabetes development. Lancet 2012, 379: 2279–2290.

Wang, Y., Deng, H., Pan, Y. et al.: Periodontal disease increases the host susceptibility to COVID-19 and its severity: a Mendelian randomization study. J Transl Med 19, 528 (2021).

Wright, E. F., Bifano, S. L.: Tinnitus improvement through TMD. J Am Dent Assoc. 1997, 128(10): 1424–1432.

Dank

Zuallererst möchte ich mich bei all meinen Patientinnen und Patienten bedanken. Ihretwegen und durch sie habe ich das Wissen zusammengetragen, das in diesem Buch niedergeschrieben ist.

Ich danke meinen „himmlischen Schwestern" – so nenne ich meine Praxismitarbeiterinnen –, die mich in meiner täglichen Arbeit liebevoll unterstützen. Mein Dank gilt all meinen Kolleginnen, die im Laufe der Zeit mit mir zusammengearbeitet haben und Delia, die dies gerade und hoffentlich noch lange tut.

Dank an alle meine Lehrer und Professorinnen, Dozentinnen und Assistenten, die mich in meiner Schulzeit und meinem Studium begleitet haben. Dank an Herrn Prof. Dr. Dr. h.c. Georg Meyer, der mich seit 22 Jahren darin bestärkt, das Wissen um die Zusammenhänge zwischen Mund- und Allgemeingesundheit nach außen zu tragen.

Dank an Herrn Professor Dr. Erhard Siegel, Dr. Dagmar Weise und dem Team der Diabetes-Tagesklinik des St. Josefskrankenhauses Heidelberg, die bereit waren, über den Tellerrand hinauszusehen und die mich in ihrem Team aufgenommen haben. An alle ärztlichen und zahnärztlichen Kolleginnen und Kollegen und den Vertretern und Vertreterinnen anderer Fachdisziplinen, mit denen ich mich in Gesprächen, Fortbildungen, Vorträgen und Qualitätszirkeln ausgetauscht habe.

Dank an Herta, Isabelle, Simone und Winnie, die mich in diesem Buchprojekt unterstützt haben. Ich danke Walter Roth, der sich für mein Buch hat begeistern lassen und die erste Ausgabe verlegt hat.

Dank an meine Literaturagenten Tom Drake-Lee und Helen Edwards von der DHH Literary Agency für ihre Begleitung auf meinem Weg zur Autorin. Und einen ganz besonderen Dank an Karin Sora, Ute Skambraks und Anne Hirschelmann vom De Gruyter Verlag, die diese zweite Auflage liebevoll begleitet haben.

Dank an meine Eltern und meinen Bruder, mit denen ich mich von Kindesbeinen an in wissenschaftlicher Neugier geübt habe und immer noch übe.

Ich danke meinem Mann für seine Geduld und die Aufmerksamkeit, mit der er mich beim Schreiben begleitet hat und für die vielen Ideen und Impulse, sowohl für den Text als auch für die Illustrationen.

Schließlich danke ich meinen beiden wunderbaren Kindern, dass sie auf dieser Welt sind. Ihnen, ihren Kindern, Enkelkindern und so fort ist dieses Buch gewidmet.

Heidelberg, im November 2022

https://doi.org/10.1515/9783111026299-006

www.ingramcontent.com/pod-product-compliance
Lightning Source LLC
Chambersburg PA
CBHW082103210326
41599CB00033B/6563